四季栽培管理技巧

图解蔬菜 100 例

[日]加藤正明 著　　于蓉蓉 译
（中国人民大学书报资料中心）

U0279609

机械工业出版社
CHINA MACHINE PRESS

目 录

CHAPTER

1

第一章

种植前的
基本技术

前期做得好，
后面就轻松了！

蔬菜
种植大师

作为体验农园的园主有着丰富经验，
在这里传授给大家一些种植技巧，
能让家庭种菜避免失败（详细内容
可参考内文）。

第二章 CHAPTER 2

四季种植的管理方法

要在这里下功夫了！

春季种植的管理方法

夏季种植的管理方法

春夏季种植的蔬菜

使用这个技巧
种植的蔬菜，
美味又高产！

秋冬季种植的蔬菜

关于本书
———
● "堆肥"由完全发酵的牛粪堆肥、化肥（N-P-K=8-8-8）、有机复合肥（N-P-K=3-9-10）制成，包含有机质和无机质。
●书中介绍的种植时期以日本中部的东京为基准，具体的种植时期还请根据自己所在地域的气候来调整。
●本书信息更新于 2020 年 2 月。

1

第一章

前期做得好，
后面就轻松了！

种植前的基本技术

做垄、覆盖地膜、牵引、搭立架子，都是播种或移植蔬菜苗之前需要知道的基本技术。认真照做，蔬菜就能顺利生长。

锄头的高阶使用技巧

　　锄头是菜园中最常用的工具，挖坑、做垄、耕垦都需要用到。锄刃和锄柄之间的角度各不相同，但是使用大于 60 度角的更容易进行做垄等工作。

　　用锄头耕垦时，常见的一个错误动作是"将刨起的土拉向自己"。那样手臂会伸得太远，因为是在远离自己的位置下锄，所以锄刃会垂直插入土中。如果土表面已经撒了苦土石灰或肥料等，这样的耕作方式会将肥料等拉到自己跟前，导致肥料等施用不均。

　　正确的耕作方法是，不要让胳膊肘离自己太远，锄头在使用时高度不超过腰部，让刀刃呈 45 度角插入土中。这样刨起的土还会落回原处。

　　另一个常见的错误动作是"自己踩到耕过的土壤"。耕作基本上是边后退边进行的，但即使这样，也可能踩到自己耕过的土壤。

　　另外，要避免用锄头耕硬地。遇到比较硬的土地，首先要用铲子插入土中约 30 厘米的深度，每 5~10 厘米铲一下来松动土壤，然后再用锄头。

小知识

使用前要过一下水

锄柄干燥时便会收缩，导致锄刃和锄柄的连接部分松动。因此在使用前，将锄刃和锄柄的连接部分浸泡在水中，木头部分就会膨胀。然后，将锄头放置在平坦的地上，从上方敲打锄柄的一端，锄刃就会固定牢靠了。

首先，用铲子挖出比耕作区略宽的区域。每 5~10 厘米挖一下，用脚踩在铲子上，将整个身体的重量都加上去，使整个铲子插入土中。

将挖出的土倒回原处。一边后退一边挖，可以用脚踩散土块，为之后锄地做准备。

用自己擅长的手握住锄柄后端，另一只手握住锄柄中部，胳膊不要用力过猛。

将锄头提到腰的高度，然后将锄刃倾斜 45 度插入土中。刨出的土壤还放回原处，锄地的走动路线如下图所示。

用锄头耕作时走动的路线

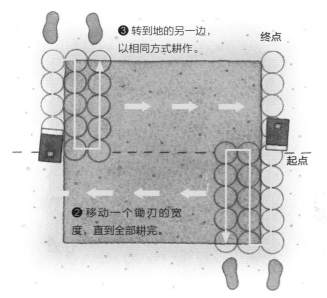

❸ 转到地的另一边，以相同方式耕作。

终点

起点

❷ 移动一个锄刃的宽度，直到全部耕完。

❶ 先耕半亩地。○是下锄头的位置，然后将刨起的土壤放回原地，反复这样操作。耕完面前的地后，向左移动一个锄刃宽度，以同样的方式继续耕。耕作区要比实际种植区宽一圈（约 15 厘米）。

耕地的宽度和深度

做垄种植蔬菜时，根系会随着生长不断伸长。由于地下没有墙，根系会延伸到通道下。因此，耕作区要比实际的种植区宽一圈（约15厘米）。同样，用铲子松土、撒苦土石灰和肥料时也要宽一圈。

接下来要考虑耕地的深度。用铲子松土时，要将铲子全部插入土中（约30厘米）。松土可以防止蔬菜根系缺氧，并且还能防止根菜类的果实在地下分叉。

撒在土壤表面的苦土石灰和肥料，实际是按边长为10~15厘米的立方体容土量来计算用量的。为了最大限度地发挥肥料的作用，耕地深度应以10~15厘米为宜。如果以45度角将锄头插入土中，其深度就是10~15厘米。

另外，如果用铲子松完土就撒上苦土石灰，石灰就会散在坑洼不平的土壤下面，会比10~15厘米还要深。所以应该用铲子松完土后先用锄头耕地，平整田地后再撒上苦土石灰，然后一边耕地一边让其均匀混入土壤。

锄刃以45度角插入土中，深度为10~15厘米。

如果垂直插入锄刃，深度就接近20厘米了。

技巧 3 基肥中的有机肥和化肥要分开使用

　　如果种植前的田地好好使用堆肥、化肥或者有机肥，蔬菜都能生长得不错，但要根据肥料的性质、蔬菜的种类、季节等来分开使用。

　　像番茄和毛豆这样的春季蔬菜，口感好坏十分重要，这时就显出有机肥的优势来。有机肥不仅可以让瓜果变得好吃，而且肥力效果绵长，不会突然断肥，适合长期栽培的果菜类。因此，一般春季种植的果菜类都会使用有机复合肥（几种有机肥和化肥的混合物，氮含量适度的类型）作为春季蔬菜的基肥。

　　肥料可以自己配置。有机肥包括油渣、鱼粉、米糠等，但大多数都只使用了其中1~2种。这里推荐使用混合了几个种类的肥料，可参考下图的配比，其氮、磷、钾的平衡比较好。春季温度升高，蔬菜生长旺盛，如果肥料中氮素含量过高，会导致叶菜类或果菜类徒长，所以一定要控制氮素的使用量。另外，如果混入化肥，其占比应该以有机肥总量的30%为宜。

　　到了秋季，温度逐渐下降，像卷心菜和大白菜这类蔬菜的种植时间相对较长，最好让肥料尽快见效，以促使叶球长大。所以这些需要快速培育的秋菜类，不管是基肥还是追肥都应该使用化肥。而春季使用的有机肥还残留在土壤中继续发挥作用，即使不使用有机肥也不会影响蔬菜口感。

有机肥料的配比

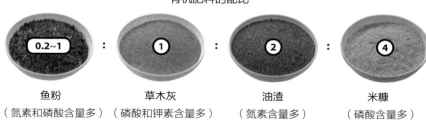

鱼粉　　　　　：　　　草木灰　　　　：　　　油渣　　　　：　　　米糠
（氮素和磷酸含量多）　（磷酸和钾素含量多）　　（氮素含量多）　　（磷酸含量多）

好好做垄，垄边倾斜45度

调整好土壤酸碱度并添加基肥后，就该开始做垄了。那些整齐划一的田垄，不论是谁看到都会赞美一句。

做垄最重要的工作就是要平整田地，要让田地没有高低差。如果田地表面凹凸不平，凹陷处就很容易积水。在这样的田地里种植蔬菜苗或播种，积水处长期过于潮湿，就容易导致蔬菜生长不良，同时也是病害虫的温床。

用绳子隔出种植区，在其内侧堆土，并用锄刃侧面平整田地，也可以使用耙子。如果在平整田地前，不注意观察田地整体的高低差就开始着手，很容易将土壤从低处转移到高处，导致田地坑坑洼洼，所以一定要将土壤从高处移到低处。然后使用PVC管（聚氯乙烯管）等滚平土壤表面。

最后，用锄头做出垄的斜面（称为垄肩的部分），并将其调整为45度斜角。垂直的垄肩不仅容易塌陷，同时在覆地膜时，压在膜边缘的土壤面积小，容易绷不住地膜，而45度斜面上的土壤量可以很好地压住地膜。

①

从田地的短边开始围上一圈绳子。用锄头在绳子的外面刨一圈土，一边刨一边后退，将刨出的土堆到绳子内侧。

②

同样，在田地的长边上也是一边后退一边刨土，将绳外侧的土堆到绳子内侧。就这样围着田地刨一圈。

③

用锄刃的侧面平整田地。观察田地整体情况，将土壤从高处移到低处。

④

进一步平整田地表面。用 PVC 管等在田地上左右大幅度滚动，将土壤从高处推到低处，不断更换观察位置和角度，重复滚几次。

⑤

取下绳子，用锄头做出垄的斜面（称为垄肩的部分），并将其调整为 45 度角。

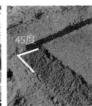

将田垄斜面做成与地面成 45 度角，覆地膜时土壤的重量就可以牢牢压住地膜。这样地膜就很难脱落了。

⑥

田垄的斜面用锄头修整，如果斜面上堆积了土壤，就用 PVC 管再次滚平。给修整后的田地覆地膜时，膜会紧贴着土壤，没有任何空隙。

⑦

做垄完成。田地表面很平整，垄斜面也做出来了。

用 PVC 管平整田地

平整田地是做垄的基础。如果田地表面不平整，以后做的播种沟也会坑坑洼洼的，导致蔬菜发芽不均匀，并影响生长。所以一开始一定要花工夫平整好田地。

除了专门用来平整田地的耙子，还可以使用厚 1 厘米的板。使用板来平整田地时，可以通过左右滑动，将高出来的部分削平，但是要注意一定要施力均匀。不习惯用板的人容易在土地上留下板角的凹痕。

因此，推荐使用在超市就可以买到的 PVC 管，不仅轻便耐用还没有角，即使是生手也能轻松使用。一般使用直径为 6~7 厘米、长度为 60~70 厘米的 PVC 管。

在平整田地时，先使用锄刃侧面粗粗平整一下表面，然后再使用 PVC 管滚。站在田垄长边处，用手轻轻握住 PVC 管的中间，在土壤上左右大幅度滚动；然后绕到另一侧，再次滚动 PVC 管。在平整田地时，如果遇到石头应该及时取出，石头留下的坑用田垄外的土壤填上并整平。

地膜或无纺布的内芯也可以用来平整田地。不过大多数内芯是用纸制成的，缺乏耐用性，但确实可以像 PVC 管一样使用。

图中为由于田垄中央凹陷，导致发芽不均匀的水菜。

直径为 6~7 厘米的 PVC 管易于使用。技巧是轻轻滚动，不要用力过大。

技巧

6

高垄和低垄分开使用

　　田地分为高垄和低垄。一般高垄的高度在 10 厘米以上，而低垄的高度低于 10 厘米。高垄利于排水，因此可以种植偏好干爽环境的蔬菜，如番茄、西瓜和南瓜等。这些果菜类在高垄里能生长得更好。而低垄适用于茄子、芋头、生姜和山姜等不耐干旱的蔬菜，以及播种后对保湿要求高的胡萝卜、根系浅的黄瓜和需要培土的马铃薯。

　　当然，这是指排水良好的田地。选择田地高低时一定要考虑到土质再决定。

　　蔬菜生长过程中，空气和水同样重要。如果是排水良好的田地，即使在低垄中，根系也可以吸收到空气，但如果土质是黏土且排水不畅，由于土壤难以干燥，根系无法呼吸，最终会导致腐烂。所以如果田地的土质是黏土且排水不畅，即使是那些可以种在低垄里的蔬菜，也最好种在高垄里。

　　另外，如果土质是像沙子一般排水过快、容易干旱的田地，做成低垄可以防止干旱。这样的田地做垄，从绳子外侧向内侧堆土时一定要控制量，不要全都倒进去，这样才能做成低垄。如果不堆土而是在田地周围挖沟，就更容易保水。

高度在 10 厘米以上的高垄，排水性好，适合种植偏好干爽环境的蔬菜。

高度小于 10 厘米的低垄，用于种植不耐干旱的蔬菜和根系较浅的蔬菜。

一个人就能铺地膜

铺地膜是为了保温保湿、防控杂草。另外，地膜还可以防止雨水溅起泥浆弄脏蔬菜，传染病害，所以虽然铺设地膜有些麻烦，但对蔬菜生长十分有利。地膜有各种颜色，如果想要提高土壤温度并防控杂草，一定选择黑色地膜。如果在早春或深秋，想要提高土壤温度，则需要选择透明地膜。

铺设地膜时一定要尽可能地将其撑开。如果地膜表面有褶皱或很松弛，在刮风时不但会沙沙作响，还有可能会弄伤蔬菜，或者在褶皱中积水导致病害发生。铺地膜时要沿着田垄铺设。

铺地膜是有技巧的，不要一上来就用锄头将土压在地膜上，而是要临时固定重要的点。首先，在短的一侧，踩在地膜的边缘上，一边压住一边将土压上作为临时固定。然后转到另一侧，拉紧地膜并踩住，也用土压上作为临时固定。接下来，跨在田垄长边两侧，用脚踩住一边地膜，拉紧后踩住另一边，固定好后用手将土压在地膜边缘上。

顺便一提，准备地膜时要考虑埋在土中部分的长度（每侧约20厘米），一般准备地膜的长度为"田垄实际长度+40厘米"。如果临时固定时预留的长度过长，可以将多出来的部分折叠到内侧（田地面侧），并将其埋在土壤中。与向外翻叠相比，向内折的好处是土壤会更牢固地压在上面，并且即使土壤被雨水冲走，地膜边缘也很难暴露在地表上。

黑色地膜

由于阳光无法透过，所以可以防止杂草过度生长。虽然增温效果不如透明地膜，但也具有增温的作用。

透明地膜

由于阳光可以透过，所以在提高土壤温度方面非常有效。建议在早春或深秋等温度较低的时期使用。

用裁好的地膜覆盖田地，并用土壤临时固定短边的一侧。从上风处顺着风向下风处覆盖，这样操作起来更容易。

转到另一侧，用双手拉紧地膜，同时用双脚踩住边缘。用一只手拉紧地膜，用另一只手堆土压住地膜边缘，临时固定好地膜的短边和角。

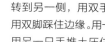

沿着长边，用两只手斜向前拉紧地膜，让地膜上没有褶皱。用双脚踩住地膜边缘并下压。

一边踩地膜边缘一边向前一步步移动，用手堆土临时固定地膜边缘。

到达末端时，将手插入土中，找到埋入土中的地膜边缘，并拉紧。

检查地膜整体情况，如果有明显褶皱或松弛的部分，请从侧面拉紧地膜进行调整。如果发现有斜着的褶皱，从垂直方向拉紧地膜，就能完美地消除褶皱了。

在地膜外 10～15 厘米处，用锄头铲土堆在临时固定的土上进行再次固定。

完成。绷紧的地膜像一面镜子，能照出自己。

技巧 8

了解地膜的规格

在超市购买或网购地膜时，是不是常常头疼那些看上去像暗号一样的尺寸代码？在日本，农业材料有许多专门的代码，比如地膜上标注的四位数字就分别代表了宽度、行数、植株间距。

例如，有些地膜上标注着"9230"。第一个"9"表示宽度，取的是宽度为95厘米的10位数字，所以标注为"9"。在超市中能买到的多数为宽度为95厘米的地膜。比95厘米地膜更宽的还有135厘米的地膜，标注为"3"，如果是150厘米，则标注为"5"。

下一个数字"2"表示行数。如果是"2"，表示有2行；"5"则表示有5行。孔的大小分为大孔、中孔和小孔。如果是1行，一般为直径80毫米的大孔；如果是2~3行，一般为直径60毫米的中孔；如果4行以上，一般为直径43~45毫米的小孔。一般4行的地膜用途多，更受欢迎。

最后的数字"30"表示植株间距，即每隔30厘米开1个孔。植株间距一般分为15厘米、24厘米、27厘米、30厘米和35厘米等几种。

地膜规格一定要根据要种植的蔬菜种类来选。番茄和茄子一般使用"9230"地膜，大白菜使用"9245"地膜，生菜使用"9330"地膜，洋葱和菠菜使用"9515"地膜。

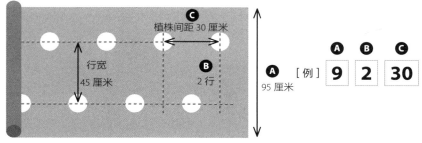

◎不同厂家的商品规格表示方法略有差异，也有没有标注规格的商品。

技巧 9

完美架设大棚

　　所谓"大棚"是立起来的拱形支柱，在上面可以铺上覆盖物，起到保护蔬菜的作用。覆盖物一般有两种，一种是为了防虫铺设的防虫网，另一种是在冬季用的保温布。两种铺设步骤都一样。

　　架设大棚最重要的是搭建支柱。支柱高度要一致，且垂直插入土中。插支柱的位置也很重要。插入支柱的位置如果离田地太远，那么拱形高度不够，蔬菜很快就会碰到顶部。

　　铺设覆盖物时，一定要注意不要留下缝隙。铺设以防虫为目的的防虫网时，注意不要将害虫关在网内；铺设以防寒为目的的保温布时，注意不要让冷气进入。准备覆盖物时应该注意其长度（一般为"田地长 +2 米"），以防出现不够长的情况。另外，田地四周如果没有沟，操作起来很难，所以应提前在四周挖出一条深 7~8 厘米的沟。

　　铺设完防虫网后，有时会打开防虫网进行栽培管理。如果胡乱扯出防虫网的边缘，压在上面的土就会撒在蔬菜上。所以在将防虫网从土里抽出时，要轻轻掸落上面的土，并将防虫网向外侧卷起来，这样土就不会掉落在蔬菜上了。

基本搭建方法

1

搭建支柱。在离地膜 5 厘米的地方，做好要插入支柱的标记。

2

沿着标记，插入支柱。最开始在两端插入支柱，然后每隔 60~70 厘米插入 1 根支柱。

3

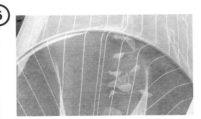

支柱插入深度以 30 厘米为宜。大棚用的支柱多数带有"插到此处"的标记。

4

将支柱拉向反侧。跨过田地将支柱插进另一侧的标记处。插入位置和深度要和另一侧一致。

5

在架子上盖上防虫网等覆盖物。

6

防虫网可能自带中心线，用双线或带颜色的线表示。如果有，一定要对准中心。

7

两端用手拽紧，并聚拢在一起再打一个结。

8

用 U 形钉夹住结的内侧，并向斜下方牢牢插入地面。

⑨

覆盖物的边缘要向外侧折（右图），如果向内侧折（左图）很容易脱落。

⑩

用脚将覆盖物边缘踩实，用锄头在其上覆盖土，压实固定。

⑪

为了不让覆盖物被风吹走，要在上面加上辅助用的支柱。先试着插一下，试插的时候不要在覆盖物上留下洞，插到覆盖物边缘的外面。等确定好位置，正式插的时候再插进覆盖物边缘。

⑫

完成。有一定高度的架子外紧紧地铺着覆盖物。

种植的蔬菜较大时

①

在搭好大棚的支柱后，可以在两端斜着再插1根支柱。

②

铺覆盖物时，两端的空间就很宽松。种植像卷心菜和白萝卜这样植株展开后比较大的蔬菜时，两边种植的植株就不会太憋屈。

收拾覆盖物

①

握住大棚支柱的一端，慢慢拔起来。如果拔起时粘着土，可以用手弄掉。

②

一侧的U形钉先不要拔出，将覆盖物慢慢折叠，最后将U形钉拔出。一个人也能收拾好。

技巧
10

做好牵引

牵引是指让植株的茎盘绕、固定攀爬在支柱或网上。番茄和黄瓜这类蔬菜在种植时偶尔需要牵引，让它们沿着支柱或网生长，这也是种植中的基础工作。如果做不好牵引工作，植株很容易被风吹倒，或是长得东倒西歪。植株在长到一定高度后，由于结果重量增加，如果牵引绳打结方法不对，可能会导致茎折断、果实掉落等现象。所以，首先要掌握打结的方法。

牵引使用的一般是细麻绳，表面有一定摩擦力，不容易打滑。

实际打结时一定要遵守"对蔬菜茎要松，对支柱要紧"的原则。茎在生长过程中一定还会变粗，所以绳子和茎之间要留出1个茎粗的距离。相反，支柱那侧一定要系紧，以防脱落。

麻绳

细麻绳适合牵引使用。可以预先剪出来需要的量，一般长30~40厘米。

技巧①
不要系在花芽附近

如果系在花芽附近，绳子打滑时会伤到附近的花芽，所以最好系在叶与叶之间的茎上。

技巧②
茎和麻绳之间要留一定空间

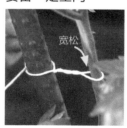

由于茎还会生长，所以茎和绳子间要留出一定空间。另外，如果绳子倾斜会给茎带来一定压力，所以最好让绳子和地面保持平行。

牵引的基础

①

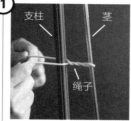

用绳子绕过茎，茎一侧要保持宽松，将绳子拧3~4圈。

②

绳子在支柱前交叉，绕道支柱后方再次交叉。

③

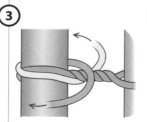

将交叉后上方的一根从下面绕一圈，将下方的一根从上面绕一圈。

④

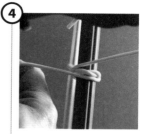

绕回前面后拉紧，防止打滑。

⑤

绳子在支柱前交叉，绕道支柱后方再次交叉。

然后系一个蝴蝶结。

⑥

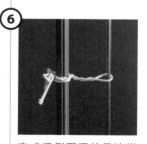

完成后侧面看就是这样的。拧的次数可以根据植株茎和支柱间的距离进行调整。

※ 为了方便读者观察打结方法，图中使用的不是麻绳。

搭好架子

像番茄、茄子和黄瓜这类蔬菜，长到一定高度就需要搭架子，牵引其生长。如果架子搭不好，台风来了就会被吹倒，下雨引起的土壤滑动也会导致架子错位、倒塌等，再等到蔬菜长到一定大小想要重新搭架子就不可能了。所以，为了避免因意外事件而慌了手脚，要在一开始就将架子搭好。

想要搭起不会倒塌的架子，首先要将支柱插深，以插入 30 厘米为宜，然后将支柱与支柱之间交叉处绑结实。打结的方法根据支柱搭建方式而定，有合掌式、金字塔式、屏风式、方形式等几种可供参考，一定要绑结实了。捆绑的绳子推荐有摩擦、不易打滑的麻绳，最好选用原生材料，这样在采收后收拾起来也方便，掉落在田里也可以分解。

搭架子时特别要注意的就是横柱。茎叶茂盛后可能会遮蔽横柱，所以最好在横柱的两端涂上颜色，没准儿会有意想不到的用处。特别是合掌式的横柱，一定要在视线的水平线以上，尽量减少伸出部分。

横柱要在视线的水平线之上，尽量减少伸出部分。

如果横柱在视线附近，伸出部分又过长，就很容易造成事故。

合掌式

番茄和黄瓜等果菜类一般按 2 行栽培，在立柱上部搭设横柱会变得结实，在强风中也不容易倒塌。首先在田地两头搭起倒 V 字形支柱，再在其上架设横柱，最后搭上中间的倒 V 字形支柱，即形成合掌式架子。

①

从横柱上方向下交叉绳子。

③

用绳子斜着在横柱和倒 V 字形支柱交叉部位来回绕 2 圈。在近前交叉，再顺时针绕 90 度。

⑤

把绳子绕到近前，两手将其拉紧绷直。

②

将交叉后的绳子再绕回横柱上。

④

在绕完 90 度的方向上拉直，再在横柱和倒 V 字形支柱交叉部位斜着来回绕 2 圈。

⑥

将绳子打上蝴蝶结系紧。这样就从斜着的两个方向对支柱加强了固定。

金字塔式

　　番茄和黄瓜这类长得比较高的蔬菜，或是像苦瓜和落葵这类藤蔓性蔬菜，需要支柱牵引植株呈螺旋状生长。金字塔式架子适合在空间狭小或是植株数量多时使用。将3根支柱插入地下，组成正三角的形状，这种结构平衡性很好，可以增加强度。打结时，绳子不仅要横向缠绕，也要纵向缠绕，防止松弛。

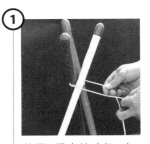

使用3根支柱（红、白、绿）在上部聚成束，用绳子横着绕2圈。调节绳子长度，使右手边的绳子更长一些。

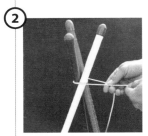

将左手的绳子压在右手的绳子上交叉，然后双手互换绳子。

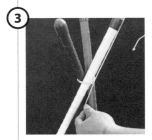

将长的绳子向上，系结实（之后只需移动右手的绳子）。

④

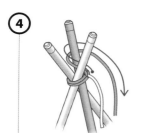

将右手拿的长绳穿过白色支柱和绿色支柱中间，从上方绕过红色支柱向下拉紧。

⑦

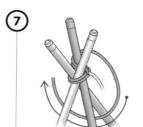

穿过 3 根支柱交叉部分的下方，从绿色支柱和白色支柱之间向上拉。

⑩

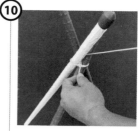

再一次从白色支柱的上方绕过并向下拉。

⑤

从红色支柱下方（红色支柱和白色支柱之间）穿过并向上拉。

⑧

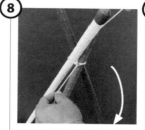

然后从上方绕过白色支柱向下拉。

⑪

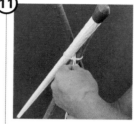

在最开始的地方将 2 根绳聚在一起。

⑥

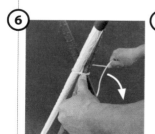

再次从红色支柱上方绕过并向下拉。

⑨

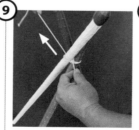

在白色支柱的下方（白色和红色支柱之间）捆绑后向上拉。

⑫

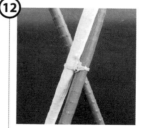

打紧结，这样就固定好了。

屏风式

　　屏风式架子适合黄瓜和苦瓜，或是藤蔓性的豌豆等，也就是卷须需要缠绕的蔬菜。先将立柱垂直插入土中，横柱以远处的建筑物或电线等做标记，然后再水平固定好。因为屏风式架子面积很大，所以不抗风力，作为辅助最好再斜着交叉几根支柱。

①

在交叉处，从近身处斜着缠绕绳子，在背面交叉，左右手交换绳子。

②

将绳子绕回眼前，再次左右手交换绳子并拉紧。

③

90度

交叉绳子并顺时针扭转90度。

④

然后绕到支柱后面交叉2次。

⑤

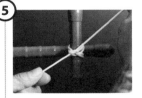

绕回前面，将绳子拉紧绷直并打结。

⑥

将余下的绳子剪掉就完成了。搭好支柱后可以铺上园艺用网。

方形式

方形式架子适合小西瓜、小南瓜、哈密瓜等藤蔓性蔬菜，是一种立体式牵引，优点是日照充足。但要注意植株生长旺盛后重量就会增加，一定要绑好绳子避免脱落。

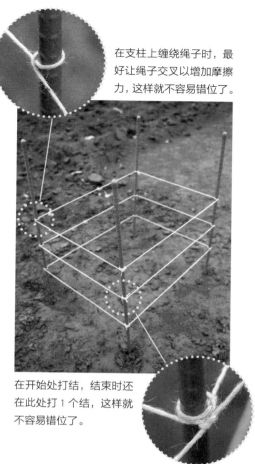

在支柱上缠绕绳子时，最好让绳子交叉以增加摩擦力，这样就不容易错位了。

在开始处打结，结束时还在此处打 1 个结，这样就不容易错位了。

小知识

方形式架子的加强

在方形式架子支柱上捆绑数条绳子时，由于绳子的拉力，上面部分容易向内侧倾斜，这样很容易倒塌，所以需要加强。用 1 条长度足够的麻绳在支柱的 2/3 处打结，然后斜向外拉直，用 U 形钉插入地面进行固定。4 根支柱都这样固定好。

技巧 12 组合！在一块田地里应用 3 种架子

　　掌握了各种搭架子的方法后，我们要开始学以致用了。可以将多种搭架子的方法用在同一块田里。

　　这是我和会员们的体验农园。在体验农园中，我们尽可能在有限的空间内种尽可能多的蔬菜，所以每种蔬菜的株数不可能太多。与其按蔬菜来划分田地搭架子，不如在一块田地里搭各种架子更节约空间，同时架子也会很结实，可以抵抗台风。春夏季的经典蔬菜是番茄、黄瓜和茄子 3 种，可以在一块田地里种植，一定要尝试一下。

组合例 1
合掌式 + 屏风式 +1 根支柱

如图中所示，在长 240 厘米的田里，从右边开始是合掌式（2 株番茄）、屏风式（2 株黄瓜）、1 根支柱（2 株茄子）的组合，搭建方法参考下一页。茄子枝条伸展开后，需要追加支柱来牵引其生长。

组合例 2
合掌式 + 屏风式

如图中所示，在长 240 厘米的田里，从右边开始是屏风式（2 株黄瓜）、合掌式（6 株番茄）的组合。

组合例 1 的搭建方法

①

耕出一块长240厘米、宽70厘米的种植区，在中央挖1条施肥用的沟。番茄和茄子的种植深度约为15厘米，根系浅的黄瓜大概只有10厘米。

②

在沟中撒上堆肥作为基肥（参考第42页），将土填埋好后开始搭架子。铺上30厘米宽、可以种2行的黑色地膜。

③

种植蔬菜苗。在边缘种植2株番茄，再开穴种植2株黄瓜，剩下的空间在中央开孔，间隔40厘米种植2株茄子。

④

在番茄苗的两侧插入2根约240厘米长的支柱，上部交叉形成合掌式。番茄就用这个架子牵引。

⑤

中央搭屏风式支柱供黄瓜使用。在田地中央相隔60厘米插入2根240厘米长的支柱，再添加横柱以增加强度。

⑥

最后是茄子。在茄子苗的旁边各插入1根240厘米长的支柱。最靠边的支柱要在左右各插入1根支柱用于支撑。

⑦

在上部搭上1根横柱将其连成一个整体。首先要保持横柱水平，然后按先左右后中间的顺序打结。

⑧

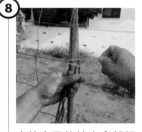

支柱交叉的地方全部打结，黄瓜生长的地方要铺上园艺用网，用绳子打结。

⑨

组合支柱就完成了。根据蔬菜的生长发育来使用支柱牵引，根据茄子的生长情况适当追加支柱。

使用身体各个部位进行估测

即使是常年在菜园种植的人，也会时常用"差不多"的感觉来测量长度和量。比如种植书上写着"发芽后间隔3厘米间苗""肥料10克"等，一般没有人会一个个测量，基本都是估测。

比起每次都凭感觉估测，不如先测好自己身体的一些指标，如长度和重量的手感。这样在种植时，不需要多余的工具，非常有效率。

例如，测量脚的大小。不是光脚的大小，而是平日里下地干活时穿的农业用靴子从头到尾的大小。比如我的是27厘米，马铃薯的种块播种间隔是30厘米，那就是在鞋的前后稍微留一些空间再播种下去，大致就是30厘米了。

另外还有指甲的长度、第一指关节的长度（一般为1~2厘米，播种时可以用来测播种沟的深浅）、手掌伸开的宽度（约20厘米，可以用来测量植株间距）、握拳的宽度（约10厘米，可以用来测量植株间距）等，自己可以使用身体各个部位进行估测。另外，用手感受肥料的重量，手的大小不同感觉也不同，推荐自己亲自感受一下。

一把握（张开手
肥料不掉落）约
25 克。

一撮（用 5 个手
指拿起的量）约
5 克。

一捏（食指、拇
指和中指拿起的
量）约 2 克。

化肥的手感

每个人手的大小不
同，测量一下自己的
"一把握""一撮"
和"一捏"的重量，
掌握手感。

20
厘米

27
厘米

三

一

1.2
厘米

2
厘米

灵活使用支柱

　　支柱可以灵活使用，只需将其插进土中并绑起来，就可以有多种用途，如架靠农具，或是晾晒蔬菜。如果将横柱插入滚筒式地膜的内芯，即使是一个人也可以轻松拉出地膜，工作会更快。

　　准备4根长为150厘米的支柱和1根横柱（长度随意）。

　　间隔50厘米将2根长150厘米的支柱插入土中，并在100厘米处交叉。在地面上，放置那根准备要横搭的横柱以确定长度，然后在另一侧同样插入2根长150厘米的支柱并交叉。确保交叉部分的高度一致，用细绳牢固地绑住它们，然后将横柱放在交叉处。即使仅用绳子固定一侧，横柱也会很稳定，并且这样会很方便，因为可以从未固定的一侧插入滚筒式地膜。

① 间隔50厘米将2根长150厘米的支柱插入土中，并在100厘米处交叉。

② 在地面上摆放那根横柱，并在另一侧合适位置再插入2根支柱，交叉部分的高度应一致，用绳子打结系好。

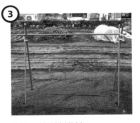

③ 在上面摆放横柱。

可以作为晾晒架晾晒白萝卜等蔬菜。

用横柱穿过地膜的芯，自己一个人也能拉出地膜。

要在这里
下功夫了！

四季种植的管理方法

季节交替之时，可以种植的蔬菜和管理方法也
会改变。从播种到采收，再到之后的准备土壤
等工作，四季都有各种各样的技巧。

技巧 15

设计菜园时，选择好相邻种植的蔬菜品种十分重要

如果种植的蔬菜头一年长得很好但第二年就不好了，可能是因为连作。连作是指在同一地点连续种植同一种类的蔬菜。因连作而导致蔬菜生长不良或易患病害等现象，称为连作障害。在制订种植计划时，避免连作是基本常识，但如果仅凭记忆实行起来却极其困难。如果种植计划留有图纸等，第二年就可以知道头一年在哪个区域种植了什么种类的蔬菜，在制订新一年的种植计划时就在该区域种植不同种类的蔬菜，这称为轮作。

在制订种植计划时，也要考虑相邻蔬菜之间的影响。田地一般是东西走向的，如果在南侧种植长得比较高的或藤蔓性蔬菜，就会形成阴影。所以制订计划时不仅要考虑每种蔬菜本来的高度，还要考虑搭架牵引之后的总体高度。

此外，应避免在特别重视风味的蔬菜旁边种植需要养分多的蔬菜，以免由于营养不足导致风味下降。例如，不要在豌豆或玉米旁边种植根系发达的葱或芋头。建议在葱和芋头旁边，种植风味不易受影响的伞形花科（胡萝卜、鸭芹等）和藜科（菠菜、甜菜等）蔬菜。

> 要想蔬菜欣欣向荣，一年之计在于春。

叶菜类田地南侧的蔬菜生长不良，是因为田地南侧种植糯玉米造成了背阴。

在种植大葱前
还可以再种两茬儿其他蔬菜

　　如果要在 6~7 月种植葱幼苗，家庭菜园通常在春夏季的种植计划中预留出"葱种植区"。如果觉得在那之前什么都不种会有些浪费，可以尝试先种植一些其他蔬菜。

　　最佳方案是搭配越冬蔬菜一起种植。头一年秋季种植的豌豆和蚕豆在第二年 6 月初就可收获，紧接着就可以种植葱，这样使用田地最好。如果冬季太冷，或者田地租期是从春季开始的，可以在 2~3 月种植马铃薯或卷心菜，6 月初就可收获，然后再种植葱。

　　如果想要更多，也可以在种植大葱之前种两茬儿别的。首先在 3 月种植菠菜或小芜菁，到 5 月就可采收。此后开始种植小松菜或乌塌菜等短期生长的叶菜类，因为温度回升，所以 1 个月就可收获，然后再种植葱也来得及。

　　人们常说，一定要选择土壤尽可能坚硬的地方种植葱。这是因为在挖定植沟时，沟壁的土壤不容易塌陷。如果之前种过几茬儿其他蔬菜，土壤可能会变松软，所以最好在挖沟前用脚将其踩实，然后用锄头压实，整理好沟壁的土壤。

第二章　四季种植的管理方法 / 春季种植的管理方法

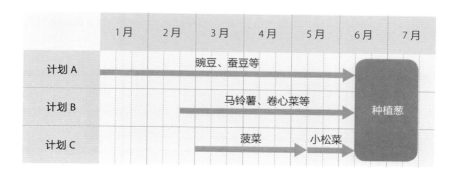

	1月	2月	3月	4月	5月	6月	7月
计划 A	豌豆、蚕豆等 →					种植葱	
计划 B			马铃薯、卷心菜等 →				
计划 C			菠菜	小松菜 →			

技巧 17 节约空间！推荐接力栽培

　　如何在有限的空间内种植很多蔬菜呢？制订种植计划对于较小的菜园更为重要。对于想要种植占用较大空间的蔬菜（如南瓜）的人，建议使用从马铃薯到南瓜这样接力栽培的方法。

　　首先，在田地边缘留出一块用于种植南瓜苗的空间，然后在剩余的空间种植马铃薯。5月初种植南瓜苗时，马铃薯的叶片已经很茂盛了。当马铃薯叶片变黄时，南瓜苗开始旺盛生长。等马铃薯到了采收期，南瓜卷须就可以占领马铃薯腾出来的空间继续生长。除南瓜外，这种方法还可用于种植小西瓜、甜瓜、黄瓜等。

　　当南瓜藤蔓伸出后，用支柱做成拱形围住田地，并用防虫网将其围起来以形成栅栏。这样周围田地里的藤蔓不会伸进来，田地也就不会变得混乱了。

① 在田地边缘种植南瓜苗，盖上防虫网。

② 6月上旬，南瓜苗开始长出卷须，这时要撤掉防虫网，并牵引到马铃薯的空间。同时，要开始采收马铃薯。

③ 牵引后，用支柱做成拱形围住田地，并用防虫网将其围起来以形成栅栏，旁边田地里的藤蔓就进不来了。

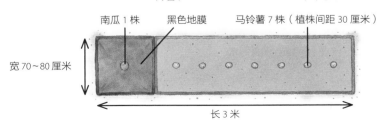

南瓜1株　黑色地膜　马铃薯7株（植株间距30厘米）

宽70~80厘米

长3米

技巧 18

辨别老化苗

盆栽的蔬菜幼苗就像人类的幼儿一样，只有芽和几片叶，地下部分的幼根才刚开始生长。将这样的根钵苗毫无损伤地直接种在田间，它就会张开根系顺利生长。选择合适的幼苗是种植蔬菜成功的第一步。

选择好苗时一定要注意根钵。将幼苗从盆中拔出时，根钵没有崩坏，这时可以根据根的状态来判断定植的最适时期。如果无法将其从盆中拔出来进行查看，就观察盆底的排水孔，若从排水孔中伸出来少量稀少的白色根系，则证明该根系十分年轻健康。之后请选择叶片上没有病虫害迹象的、叶片为深绿色的、节间（叶和叶之间）比较紧凑的。避免选择节间较长且弱不禁风的，这样的苗在生长时缺少阳光。

在商店中有时会看到摆了很长时间的幼苗，从盆底的排水孔中伸出了粗壮的根，这种苗被称为老化苗。其地上部分容易掉叶或黄叶，即使种在田间也很难生根，所以不要买。

相反，如果幼苗太小，从盆里拔出后根钵崩坏，就不要急着定植，先在花盆中培养一段时间，等到细根长出，拔出后根钵不会崩坏时，再将其定植在田间。

好的苗是从盆中拔出时根系不会盘绕过多。

根系过粗过密，都已经从盆的排水孔中出来了，很有可能是老化苗。

技巧 19

施肥的深度和根钵之间的距离

　　基肥的施用方法分撒施和沟施两种。春夏季种植的大多数蔬菜都适合采用沟施，等根系生长到一定阶段才能吸收到肥料。沟施，可以用于茄科、葫芦科和豆科等生长的后半段需要大量肥料的果菜类，也可以用于像黄麻、空心菜等生长旺盛并能反复采摘的叶菜类，还可以用于生姜和芋头这类生长期长的根菜类。

　　单行种植时，就在幼苗下方约20厘米深处挖1条沟并添加基肥。番茄和黄瓜这类可以使用合掌式架子的蔬菜会分两行种植，在这种情况下不要挖2条施肥沟，而应在行间浅挖1条施肥沟（深度为10~15厘米）。这样，根钵到肥料的距离和单行种植时基本一样，肥料也会被适当吸收。

单行种植时

约20厘米

双行种植时

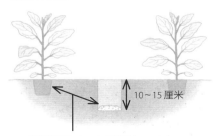

10~15厘米

行间相距40~45厘米时，
根钵到肥料的距离和种植
单行时基本一样

技巧 20

米糠、鱼粉可以让果菜类更加好吃

　　番茄、茄子、毛豆和玉米是风味很容易受所用肥料影响的果菜类。如果想要风味更好，建议将米糠、鱼粉与有机复合肥（春作时注意控制氮含量）一起使用。

　　米糠是在精制糙米时产生的大米表皮和胚芽等废料，用作基肥时，可以诱发蔬菜的鲜味成分。如果在初寒时将其埋入土壤中，可以增加微生物的数量，从而创造良好的土壤环境。

　　鱼粉也称为鱼渣，是由煮熟的沙丁鱼、金枪鱼、鲣鱼晒干磨碎形成的，加入基肥中可增加蔬菜的鲜味和甜味，让其变得更美味。

　　需要注意的是，这些都是未经发酵的有机肥料，在使用过程中会发酵产生热量，若让蔬菜直接接触，可能会烧坏根系。因此，一定要进行沟施，并在施肥后放置 2~3 周再种植蔬菜幼苗。

　　对于生长时间长的果菜类，请确保使用磷肥（如钙镁磷肥），不然即使果子风味很好，但数量也不会太多，因为缺磷会减少坐花数量，并延迟开花和结果时间。其施肥效果需要一些时间才能显现，因为磷肥先被植株根系产生的有机酸溶解才能被吸收，因此在沟施时可以一起投放。

春季主要果菜类的基肥（沟长 1 米时的用量）

果菜类	基肥			
	有机复合肥	钙镁磷肥	米　　糠	鱼　　粉
番茄	40~50 克	10 克	200 毫升	70 毫升
茄子	40~50 克	10~15 克	200 毫升	70 毫升
黄瓜	40~50 克	10 克	—	—
柿子椒	40~50 克	10~15 克	200 毫升	70 毫升
玉米	40~50 克	—	200 毫升	70 毫升
豌豆	40~50 克	—	200 毫升	70 毫升

　　注：　本表为肥料中 N-P-K=3-9-10 时的建议用量。

让植株好好扎根的定植技巧

幼苗从定植到扎根需要 4~5 天的时间。定植的关键是在此期间使植株受到的损伤最小化。

首先，幼苗的根钵只能从周围的土壤中吸收水分和养分，如果盆栽幼苗中的土壤干燥，幼苗就会因叶片的蒸腾作用而枯萎，所以请预先浇水。另外，为了防止田地干燥，在种植前大约 30 分钟给整个田地浇水，尤其是挖好的种植穴要大量浇灌。

定植时，如果根钵和种植穴之间有间隙（空气层），根系就无法从土壤中吸收水分，因此要挖一个正好适合根钵大小的种植穴。如果根钵露出地面，露出部分就会干燥，因此种植穴深度应与根钵的高度基本相同，以埋入后能在根钵上薄薄撒一层土为宜，但是严禁深埋根钵。最后浇足水，让土壤稳定下来。

操作时一定要耐心谨慎。如果根钵崩坏或叶片掉落，幼苗就会受到损伤。最后浇水时，如果将水浇在幼苗周围的地膜上，让其流入种植穴中，根钵周围的土壤就不会被冲走。

另外，不用担心定植时期。如果是天气仍然寒冷的 3 月，就选择白天温暖的时段定植；如果是 5 月下旬以后天气变热，则选择晚上定植，这样可以减少对植株的损伤。

埋入的最适深度是，在根钵表面可以薄薄盖一层土。

如果根钵露出地面，露出部分就容易干燥。

技巧 22

搭建临时支柱保护幼苗

种下幼苗后，由于怕麻烦往往会省略搭建临时支柱的操作，但实际上临时支柱是很重要的。刚定植的幼苗受到风的影响，根系容易在土壤中晃动，新根就难以扎稳。扎根稳定大约需要 2 周时间，在这期间要搭建临时支柱，防止根系摇晃。

对于像茄子和番茄这样有一定高度的株苗，临时支柱可以使用直径为 2~3 毫米、长度为 50 厘米的支柱或竹篾。将支柱与茎成 45 度角插入土中，同时用绳子牵引。幼苗较低的蔬菜，如白菜、南瓜和西瓜等，用短支柱即可，比如一次性筷子等。白菜用 1 根一次性筷子就可以，南瓜等葫芦科的幼苗特别细，所以固定时需要用 2 根一次性筷子。

用 1 根支撑

将长 50 厘米的支柱与茎成 45 度角插入土中，用绳子牵引（图中为番茄）。

用 2 根支撑

用 2 根支柱交叉将茎夹住固定（图中为黄瓜）。

进行早期除草，
10 年后田地会很美

杂草种子的寿命很长，据说在土壤中保存 10 年仍具有发芽能力。大多数杂草种子是好光性种子，随着翻耕而到了土壤表面，受到光照并发芽。考虑到这一点，防控杂草的方法是"趁它小及时清除"，始终做好除草的准备。特别是马齿苋和马唐这类杂草，1 粒种子就能扩增 1 万倍，因此要趁杂草较小时将其清除，以免开花结种。已经长出的杂草应连根拔除，以免再次生长。如果持续这样做 10 年，无论什么杂草都会逐渐消失。

清理杂草有专用工具（如下图），从中选择易于使用的。我经常使用的是可以让我站着除草的。除草时不仅可以削掉杂草表面部分，还可以将其从根部移除。

为了防止田地外的杂草种子混入其中，堆肥时不要在田地外进行。买来的牛粪肥和腐叶土等都可能带着杂草种子，无法混入田地的草种也会在通道上发芽。

此外，在雨后的田野中，杂草会很快发芽，应趁其小时彻底清除。酸性土壤更易于杂草生长，如果田地的杂草很多，可能需要检查土壤的酸碱度。

使用除草工具将
其连根清除。

播种沟的深度应一致

　　你有没有这样的经历？用手指挖沟并撒上种子后只有少量种子发芽。将种子撒入深浅不一的播种沟里，埋得过深的种子会因周围水分过多而腐烂，或是因压在上面的土壤太厚而顶出土面需要花很长时间，埋得浅的种子则容易干燥。这些都会导致发芽不整齐，不仅会浪费种子，还会浪费空间。如果发芽不整齐，植株生长也会有所不同，弱小的植株会变得更弱甚至枯萎死亡。

　　确保种子整齐发芽的关键是使田地表面平整（参考第 16 页），并保持播种沟的深度一致。如果深度不一致，覆盖土壤的厚度就不均匀，植株生长状况就会不一致。挖一定深度的播种沟可以使用粗支柱，如典型的 1 厘米深的播种沟，可以将 15 毫米粗的支柱均匀地压在土壤表面，便形成一个凹槽。

1

首先要平整田地表面，不要让其倾斜。

2

将支柱压在土壤表面，在其左右两端加上相同的力，不要让支柱倾斜。

3

播种时，播种间隔相同，覆盖土的厚度也相同。

✕

不要用手指挖播种沟，那样深度不等，而且不直。

技巧 25

播种后压一下土，可以提高发芽率

　　撒上种子填入土后，要用手在上面压一下。在覆盖地膜的情况下，如果在上面压一下，播种后就无须浇水了。这是因为通过挤压使土壤颗粒彼此紧密接触，地下水由于毛细作用而上升，使种子周围的土壤变湿润。像毛豆这类蔬菜，如果播种后浇水可能会出现氧气不足而导致种子腐烂，因此播种后按压就能提高发芽率。

　　这个技巧有两个要点：一是不要使用田地表面的干燥土壤覆盖在种子上，最好使用5~10厘米深的潮湿土壤；另一个是要注意土壤湿度和按压强度之间的平衡，土壤越干燥，按压力度应该越大。在覆盖地膜的情况下，如果土壤有一定湿度，就用指腹用力按压；如果是雨后的土壤，就轻轻按，然后不要浇水；如果土壤相当干燥，就要用力按压，也基本上不需要浇水，但是如果暂时不会下雨，就先覆盖无纺布，再在无纺布上方浇水（参考第49页）。

　　如果不覆盖地膜，土壤就很容易干燥，因此请选择雨后第二天播种，那时土壤比较湿润，同样播种完要按压。播种胡萝卜后覆土要薄，但保湿十分重要，所以可以用靴子踩压，然后覆盖无纺布保湿。

用整个指腹施加压力，使种子和土壤紧密接触。

播种胡萝卜时，填土后可以用脚踩。或是借助木板踩，这样施力均匀。

松松地覆盖无纺布，可以促进生长

播种后一定要在田地上覆盖无纺布。无纺布在蔬菜发芽前后具有各种保护作用。

首先，无纺布保护豆类蔬菜的种子免受鸟类偷食。同时，由于具有保温和保湿作用，也会促进发芽。即使在需要浇水的干燥土壤环境中，由于无纺布具有透水性，也可以从无纺布上方浇水。在蔬菜发芽后，无纺布还可以防虫和防风。

覆盖无纺布时应略微松散些，不要紧贴地面，这样发芽后的蔬菜茎也能自然直立生长，不会弯曲。另外下雨时，宽松的无纺布比绷紧时的更能让植株少受损伤。对于叶菜类或胡萝卜，在子叶展开后到长出 1~2 片真叶之间的时期就可以摘掉无纺布了；而对于葱类，其叶片尖细，往往会缠绕在无纺布上，因此发芽后应立即将无纺布摘下来。

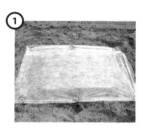

① 松松地覆盖无纺布，固定好四周，不要让风吹走。

② 松松地覆盖无纺布是为了让蔬菜在发芽后有生长空间。

③ 蔬菜发芽后，为了让阳光很好地透过，可以用防虫网替代无纺布。

如果无纺布绷得过紧，发芽后植株就无法顺利生长了。

技巧 27

间苗要从没发出芽的地方开始

种子发芽之后最重要的工作就是间苗。通过保持间距能够改善植株的光照和通风环境，使其不易发生病虫害，对植株生长起到重要作用。如果不间苗，植株就会变得弱不禁风。

很多人间苗是从一端开始的，但是这样很难控制植株不生长在想要空出的位置上，所以最好是从没有发出芽的地方开始，向左右间苗。植株之间也不必一定要保持2~3厘米的间距，那样有些过于教条，留出适当的空间就可以了。

在间苗时，很多人都不知道应该拔掉哪些苗。其实最重要的是不要延迟第一次间苗。如果延迟间苗，生长好的苗就会脱颖而出，会在选择时增加不必要的困扰。建议在子叶展开到第一片真叶展开的时期间苗，拔掉缺叶、变形、黄叶、瘦弱的苗。

如果间苗时间延迟，苗的生长差异就会显现出来。虽然想要留下长得好的苗，但要纵观整体，拔出长得过大的苗。因为一般长势好的苗，其周围的苗都长得不太好。虽然非常可惜，但只有留下长势差不多的苗，之后的生长才能顺利。

间苗要从没发出芽的
地方开始。

浇水要适量

当土壤干燥时，植株会为了寻找水而将根系扎深。因此，定植后只需浇1次水，然后在植株上覆盖无纺布（盛夏时还可以使用遮光网）即可。

很多人每天都去田里浇水，也许是想让植株快速生长，但对蔬菜来说，田地不断被水淹，好不容易长出的根系就会缺氧，反而会阻碍植株生长。

种植时，用力按植物根部，使植株周围略微凹陷，就成了一个水碗，下雨时起到储水的作用，而且通过压实根部，毛细作用会让水分上升，这使土壤不容易干燥，即使在没有人工浇水的情况下植株也能生长良好。但是在没有降雨的仲夏，如果发现叶片出现枯萎现象，一定要在清晨或傍晚浇足水。

连日持续高温，蔬菜也会"中暑"，要适当进行管理。

技巧

29

接到雨水警报时应该做的事情

夏季是大雨和台风多发的季节。当雨水大量流入田地时，土壤就会被冲走，导致蔬菜根系暴露在外，并形成水坑。如果发生这种情况，蔬菜的根系就会缺氧，导致生长不良和管理困难。

因此，如果接到大雨警报，要事先在田地周围挖沟槽，防止雨水积在田地里。平日就要经常检查田地的坡度、雨水排放方向，确保雨水能够顺利排出。

强雨和大风都有可能损伤蔬菜的叶片，泥水溅到叶片上可能会传播病原菌。对于植株比较低的蔬菜，在大雨或台风来临前还可以通过搭建拱形支架，并在其上铺防虫网来抵挡。

另外，去腋芽和修剪枝叶也会损伤蔬菜。如果在伤口干燥之前就下雨，病原菌可能会轻易从蔬菜伤口进入造成感染，因此切勿在下雨前进行修剪。

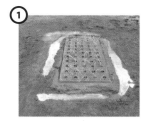

① 雨水积在田地周围，导致蔬菜的根系呼吸困难。另外，土壤泥泞会让管理工作难以进行。

② 检查垄的坡度，从田地向外挖出排水的沟槽。

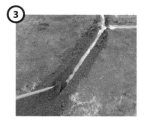

③ 挖沟引流，使水流出田地，可以将雨水对蔬菜的伤害降到最低。

雨后进行中耕

随着蔬菜生长，根系会慢慢扩散到通道下的土壤中。通道上人来人往，久而久之土壤会被踩实变硬，建议每个月用锄头或铁锹进行一次中耕，通过松土来向根系供应氧气，从而改善植株的生长发育状况。但是，不要在土壤干燥的情况下进行中耕，以免损伤根系。根系再生需要时间，因此中耕最好在雨后进行。

通道

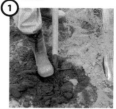

① 若通道土壤变硬，可以用铲子把土挖出进行松土。

② 已经挖出土的地方，最好再插一铲子注入空气。作业时一边向后退一边重复操作。

苗

将直径约 2 毫米的细棒插入土中 4~5 次，插入深度约 10 厘米。不要伤及植株正下方的主根，最好从中心部向外斜插。

田地周围

将锄刃插入土中，深度约 10 厘米，在田地四周耕一圈。这样不仅可以改善排水，还可以将空气送入土中。

小知识

轻松刮掉锄刃或铲子上的土

雨后潮湿的土壤往往很容易粘在锄刃或铲子上。锄刃上粘了湿土不仅难以再插入土中，而且重量增加，作业效率会受到影响。因此，需要携带竹铲、木片等，可以轻松去除粘在锄刃或铲子上的土。

技巧 31

肥料是多还是不足，能从花叶上反映出来

如果每天观察蔬菜，就会知道何时需要施肥。比如番茄，可以通过查看植株顶部（接近生长点）的叶片状况来判断肥料情况。如果叶片微微向下，则状态良好；如果叶片紧紧包裹在下方，节间堵塞，则可以判断为肥料（尤其是氮肥）使用过量；如果叶片呈Y形反复向上翘起，则表明该施肥了。

如果要判断茄子的肥料情况，则看花。通常，茄子是长花柱花，也就是雌蕊长于雄蕊，花粉很容易粘在花柱上。如果营养不足导致植株变弱，则会产生雌蕊短的花朵（短花柱花朵）。

茄子的花蕊。中央是雌蕊，雄蕊围绕着雌蕊。如果雌蕊比雄蕊突出，则很容易受粉。

腋芽管理要在晴朗的日子进行

番茄间芽、茄子和黄瓜的修剪一般在晴天的早晨进行，避免在雨天修剪，因为病原菌会侵入伤口引起病害。番茄腋芽可以趁其小时用手摘掉；茄子和黄瓜的整枝修剪可以使用剪刀，但要干净，以防病原菌进入切口。

另外，雨天最好不要进入田地，因为此时在通道行走会导致土壤变得更加坚硬，从而使蔬菜根系缺氧。由于果菜类生长迅速，因此在降雨之前，尽可能完成间芽、修剪和采收等管理工作。

让生长不良的植株恢复活力

根的生长与植株生长发育密切相关。当我们认为某个植株长势不好时，往往更关注于植株地上部分的情况，比如叶片、花朵和果实，但实际上常常是由于地下根系缺氧或是被甲虫啃食所致。这时，可以使用中耕来改善。中耕有助于疏松土壤，改善排水，为根系供应氧气和水，从而促进植株生长。中耕的方法和雨后中耕的方法相同（参考第 53 页）。

如果中耕后植株长势还没有恢复，还有一种方法就是修剪茎。对于因高温、干燥和强风而导致落叶的黄瓜和茄子，减少花和果实的数量，可以降低植株消耗，并通过追肥使植株恢复活力。停止采收也是让弱小的植株恢复活力的一种方法。

技巧 34

保护蔬菜免受鸟兽威胁

种植蔬菜时最无法避免的是鸟兽侵害。在超市有许多用于防控动物侵害的物品，但是对于鸟类和猫来说，带有驱虫网的大棚就足够有效了，因此可先利用周围的东西来防范。

像卷心菜和小松菜等不太高的叶菜类，用防虫网覆盖整体就可以了。注意不要留下空隙，以免鸟兽从外面钻进去。防虫网边缘要牢牢固定在土里，并且一定要绷紧，避免鸟兽隔着网从外面吃掉里面的蔬菜。

像番茄和玉米等果菜类，可以在植株周围覆盖网眼尺寸为 1~2 厘米的防鸟网，同时在果实上套袋就可以有效避免鸟兽侵害了。

防控在地下活动的鼹鼠和老鼠、夜行性的果子狸和浣熊，可以用专用的工具。如果发现植株有损伤的迹象，必须尽快采取对策。受损的果实和残渣可能会引来鸟类，所以应尽快将其从田里清除出去。

另外，如果夏季在播种和定植后使用遮阳网，有可能会吸引猫进来乘凉，通过在遮阳网外架设防虫网便能防止猫进入。

番茄

包裹防虫网并用衣夹固定，简单有效，足以防止鸟和猫造成的伤害。

番茄成熟前，用网袋完全隐藏果实。

玉米

授粉后（花粉从雄花中脱落），在果穗上套网袋。

技巧
35

采收后保持风味

像番茄和茄子等果菜类在采收后应立即移至阴凉处，如果摆放在烈日下，水分将迅速蒸发，就会失去鲜嫩的口感。

尤其是鲜度极为重要的毛豆，摘下后应该立即放入盛满水的桶里浸泡着。毛豆中的糖分会随着时间流逝而下降，因此建议尽快食用。如果不能尽快食用，可以煮熟后放入冰箱，凉毛豆也很好吃；如果不能立刻煮熟，请将豆荚迅速浸入水中以免干燥，然后将其放入冰箱。请不要在室温下放置。

利落结束夏季蔬菜

秋冬季蔬菜的播种和定植将从 7~8 月开始，正值夏季蔬菜的采收期，但如果陆陆续续采收可能会导致秋冬季的种植准备工作延迟。对于采收期能持续至秋季的番茄、茄子和甜椒等蔬菜，有必要做好及时清理的心理准备，留出充足的时间为秋冬季蔬菜准备土壤。

如果延迟清理夏季蔬菜，或想继续采收至深秋，没办法立刻准备秋冬季蔬菜的种植，这里介绍一个小窍门。在夏季蔬菜的垄间，也就是作为通道的地方，在 10 月上旬可以播种小松菜、水菜和水萝卜等，或是迷你白菜或迷你萝卜。

这虽然有些难度，但到了秋季，夏季蔬菜的采收已经全部结束，这时原本夹在夏季蔬菜之间的小松菜等仍可以获得足够的阳光继续生长。另外，清理完夏季蔬菜后腾出的地方就可以变成田垄，秋冬季蔬菜的作业也会便利得多。但是，如果将所有的通道都变成田地，就无法照料会继续生长的夏季蔬菜，所以至少留一条通道，以方便作业。

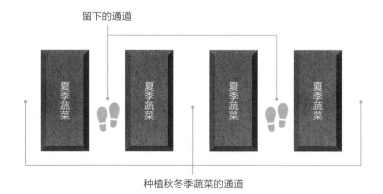

留下的通道

夏季蔬菜　　夏季蔬菜　　夏季蔬菜　　夏季蔬菜

种植秋冬季蔬菜的通道

技巧 37

采收后的收拾工作
不要觉得是浪费力气

　　蔬菜采收结束后的收拾工作一定要认真完成，这是为今后的种植做准备。最重要的是不要在田里留下蔬菜的根、叶等残留物，因为这些残留物在土中分解的过程中会产生有害气体，还会滋生有害病菌。

　　茄子间苗之后，尽可能将苗连根拔起，如果不能完全清除根系，建议撒上 100~150 克／米² 的苦土石灰以促进其分解。卷心菜和大白菜的叶容易分解，因此可以在气候温暖的环境下，将它们切碎埋入土里。

　　在清理地膜时，先将枯萎的叶片清理掉再收拾地膜就会很轻松。最后将地膜用手拉起并团起来，丢入垃圾袋中。

不要在通道或种植区乱丢垃圾，应用扫帚清理干净。最好先扫干净土，不然收拾地膜时容易弄破。

留下地膜一侧的土，将其余边缘的土剥掉，一边拉一边用手将地膜紧紧地卷起来。

将松散的地膜紧凑地团成可以用手握住的大小。

技巧 38

采收后的茎叶是非常好的肥料

　　蔬菜采收后会产生大量的茎叶垃圾（除了玉米），如果有空闲的地方，可以挑战自制堆肥。

　　在菜园空闲的地方挖 1 个深 70~80 厘米的坑，将蔬菜的茎叶等倒入坑中，用铲子将其切碎，用脚踏实之后撒上苦土石灰。每年将园艺废料埋入坑中，不断重复这个操作，2~3 年后就能产出优质的肥料。因为夏季可能会散发出臭味，所以可以在石灰上覆盖一层薄土，以刚好盖住残渣为宜。

　　这种方法和真正的堆肥还是有区别的，分解需要一些时间，但是可以在堆肥之余处理园艺废料，可谓一石二鸟。每年做 1 个堆肥坑，也不会受到多大影响。植物性堆肥有软化土壤的效果（参考第 79 页）。

① 用铲子挖 1 个深 70~80 厘米的坑，坑的大小随意。

② 将园艺废料倒入坑中，用铲子将其切碎。叶片大约切成 5 厘米大小，粗茎要切得更细。

③ 为了尽快让园艺废料分解，可以加入米糠或苦土石灰，每平方米加 1 把。用脚踩实，可以提高湿度，还可以破坏茎叶纤维，加速分解。

④ 经过 3 年得到完全发酵的残渣，可以用于改良土壤。

用太阳能消毒

用太阳光热对土壤进行消毒（简称太阳能消毒）是一种安全且环保的方法，无须使用药剂。这种方法可以杀死杂草种子、病原菌和害虫，对秋冬季蔬菜的生长大有益处。太阳能消毒法必须让土壤表面温度高于50℃，所以最好在7~8月的炎热季节进行，也就是夏季蔬菜结束，开始种植秋冬季蔬菜之前。

方法很简单，只需撒上米糠后进行翻土，再洒大量水，并用透明地膜覆盖即可，然后暴露在阳光下2~3周，土壤就会自我进行升温消毒。为了让土壤深处的土层温度升高，一定要洒大量的水。

太阳能消毒主要作用在距土壤表面10~15厘米深的范围内。如果打算种植秋冬季蔬菜，可以在施肥后再进行太阳能消毒，这样无须耕地就可直接种植蔬菜，也不会长杂草。

米糠用量为2~3升／米²，用锄头将其与土壤混合。

平整田地表面，在田地周围挖沟，并灌满水。

覆盖无孔地膜，将地膜边缘固定在土里。在阳光下放置2~3周。

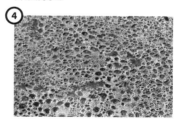

地膜内有水珠证明地温在上升。结束后可以正常种植秋冬季蔬菜。

技巧 40

挑战夏季种植果菜类

如果想在秋季吃番茄、茄子和黄瓜等果菜类，也可以在夏季种植秋季采收。相比于春播夏收，这些果菜类的产量会略微下降，但是由于温度下降，果实的味道会异常出色。如果在 7 月播种，则可以从夏季到秋季不间断采收。像茄子这类蔬菜，种植后无须进行更新修剪即可收获美味的秋季茄子，非常值得尝试。

夏季种植就是和高温的一场战斗。一旦准备好幼苗，不要将它们放在烈日下，而要在阴凉处放置，直到定植，同时浇水直到水从盆底的排水孔中流出为止。

定植尽可能选择第二天可能会下雨的阴天，并在一天中高温过后的 15:00 后进行。为了防止夏季高温对根系造成损害，地膜是必不可少的。除了使用可以防控杂草的黑色地膜外，还可以使用防止温度过高的银灰色地膜。在种植穴中倒入大量水，并在定植后充分浇水，然后将稻壳撒在幼苗根部，以防止高温和干燥对根系造成伤害。此外，台风一般会在夏季到来，因此建议安装防虫网以防控台风伤害。为了保护蔬菜免受强烈日晒的影响，请用黑冷纱或遮光布或遮光网（遮光率为 50%~80%），在北侧敞开 1/3（参考第 63 页）。

 小知识

推荐夏黄瓜

在果菜类中，黄瓜结果快。如果在 7 月的第一周定植幼苗，3 周后就可以开始收获迷你黄瓜，在炎热的季节也能收获新鲜的果实。如果春季种植的黄瓜由于高温影响而很快结束了，则可以尝试种植夏黄瓜。

夏季播种和定植都需要遮光网

　　受全球变暖的影响，夏季温度逐年升高，在高温下定植或播种都必须使用遮光网。胡萝卜和牛蒡是特别不耐干燥的蔬菜，播种后要撒上稻壳或铺盖无纺布。此外，通过架设大棚，上面覆盖遮光网（遮光率为50%~80%）来防止强烈的阳光伤害，可以提高发芽率。

　　如果整体都覆盖遮光网，内部通风就会变差，所以应该在南侧（南北田为西侧）搭建一个拱形大棚覆盖遮光网，以阻挡白天最强烈的阳光，并应在北侧敞开大约1/3。

　　发芽后，为了防止植株徒长，仅在10:00~14:00的炎热时间段覆盖遮光网，然后逐渐减少遮光时间让其适应。待胡萝卜株高达到7~8厘米、牛蒡株高达到15厘米左右时，可以完全取下遮光网，换成防虫网。

　　在炎热的夏季种植卷心菜和西蓝花等幼苗时，遮光也是必不可少的。十字花科蔬菜很容易被诸如毛虫之类的害虫侵害，因此在种植后要先铺防虫网，然后盖上遮光网，北侧敞开约1/3，逐渐减少遮光时间，并在种植后4~7天将遮光网摘掉。

遮光网罩住阳光强烈的南侧，北侧敞开。

技巧 42

用地床育苗，
培育健壮的秋季蔬菜苗

在炎热的夏季种植十字花科蔬菜，如卷心菜和西蓝花等，除了可以在盆中育苗，也可以在田间育苗（地床育苗）。地床幼苗有诸多优点：①不需要盆或培养土等材料；②即使株数多也易于处理；③比盆苗容易生根；④育苗期间无须每天浇水。

地床育苗的常规方法为：在田里加入苦土石灰、堆肥和化肥，做成宽60厘米的垄，每隔10厘米开1条播种沟，在播种沟中每隔3~4厘米播种，然后架设拱形大棚并在其上覆盖防虫网和遮光网，发芽后打开北侧的遮光网散热，待植株展开5~6片真叶后，将它们移植到田里。在移植前2~3天，用农用叉子或移栽铁锹距植株约10厘米处下铲，将幼苗连土挖出来，切断多余的根。随后充分浇水，让细根生长，这样移植到田里后存活率就会高。

准备土壤

播种前2~3周，在田里撒100~150克/米² 苦土石灰来调节土壤酸碱度。播种前1~2周，将牛粪堆肥2~3升/米² 和化肥100~15克/米² 全田施用，做成宽60厘米、高10厘米的垄。

播种

每隔3~4厘米播种

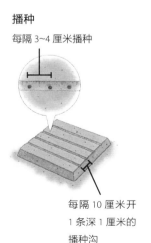

每隔10厘米开
1条深1厘米的
播种沟

断根

用农用叉子将植株挖出来，切断根

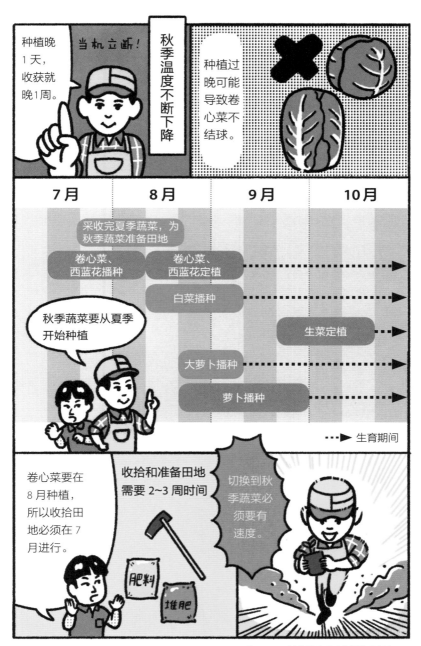

种植晚1天，收获就晚1周。

当机立断！

秋季温度不断下降

种植过晚可能导致卷心菜不结球。

7月　8月　9月　10月

采收完夏季蔬菜，为秋季蔬菜准备田地

卷心菜、西蓝花播种

卷心菜、西蓝花定植

白菜播种

秋季蔬菜要从夏季开始种植

生菜定植

大萝卜播种

萝卜播种

生育期间

卷心菜要在8月种植，所以收拾田地必须在7月进行。

收拾和准备田地需要2~3周时间

切换到秋季蔬菜必须要有速度。

肥料

堆肥

从下一页开始就是秋季种植的管理方法！ →

技巧 43 秋冬季种植时要考虑到"日阴"

在种植秋冬季蔬菜时，"日阴"是要考虑的事情之一。秋冬季节，除了日照时间变短外，太阳直射角度也会变低。与春夏季相比，秋冬季被建筑物或其他物体遮挡，无法照射到阳光的田地面积会变大。因此，与春夏季生产相比，秋冬季生产在制订计划前需要对阳光有更多的了解。

在一年中太阳最低的冬至前后，早晨、中午和傍晚时去田地检查阴影区域。白天大部分时间暴露在阳光下的区域为"全日照"，有几小时暴露在阳光下的区域为"半日阴"，而整天没有暴露的区域则为"全日阴"。

在温度持续下降的秋季，秋冬季蔬菜种植宜早不宜晚。

在日照条件好的"全日照"区域种植喜好光照的蔬菜，如蚕豆和草莓等。"半日阴"区域的缺点是易形成霜柱且难以融化，因此推荐种植抗寒的菠菜和西蓝花。而条件恶劣的"全日阴"区域不要种植蔬菜，可以进行粗耕，将上下层的土交替，为来年的春耕做准备。

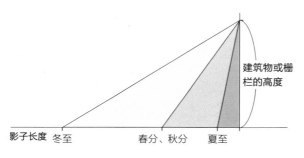

影子长度 冬至 春分、秋分 夏至

建筑物或栅栏的高度

影子长度随季节发生变化的示意图

当南边有建筑物或栅栏时，阴影的长度会随着季节发生很大变化。在制订种植计划时，一定要考虑到秋冬季比春夏季有更多的阴影面积这个因素。

技巧 **44**

根瘤病是十字花科蔬菜的大敌

根瘤病是十字花科蔬菜连作障碍的一种，经常在白菜或萝卜这类蔬菜上发生。发病植株地上部分白天枯萎，晚上又恢复正常，但最终会枯萎，将其连根拔起会看到根上有肿块，这是根瘤病最主要的特征。如果在同一地方连续种植（连作）十字花科蔬菜就很容易发病，因此应该多种蔬菜轮作，同时改善土壤排水能力，可以预防根瘤病。

根瘤病的病原菌会顺着土壤中的水移动，因此在排水不良的地方事先采取措施比较好。田间的土壤由深度约15厘米的软土和下方较硬的土壤组成。较硬的土壤很难排水，如果不加处理，排水性能差往往让上层土壤过于潮湿，因此要用铲子将深度为50~60厘米的土压碎弄松，改善排水差的问题，同时可以减少病害。这是一项繁重的工作，但是可以让植株生长良好，所以不要怕花力气。

有经验的人在根瘤病发生之前会使用杀菌剂，有些会使土壤中休眠的根瘤病病原菌不再活动，也有些直接作用于活动的根瘤病病原菌。通常在播种或定植前进行药剂处理，可降低土壤中病原菌的密度，防止病害发生。

小知识

受根瘤病困扰的大萝卜

很多十字花科蔬菜都会发生根瘤病（图中为患根瘤病的小松菜），但大萝卜有所不同，它具有即使感染也很难发病的特性，其种子还会作为"诱饵植物"出售，以减少根瘤病病原菌。如果担心蔬菜在带有根瘤病病原菌的田地中生长，可以考虑种植大萝卜作为诱饵。

技巧 45

叶菜类更需要覆盖地膜

像小松菜、水菜和菠菜等叶菜类，一般播种后1~2个月内就可采收，无须花费太多精力，所以很多人都不用地膜。虽然不用地膜也可以，但是低温和水分不足容易导致蔬菜生长发育缓慢，雨水带起的泥浆可能会损伤和污染植株基部，如果种植量很大，损失也不可小觑。

如果想要栽培出优质的叶菜类，还是要使用地膜，其最大的优点就是能够收获非常干净漂亮的叶菜类，作为送人的礼物也不错。覆盖地膜需要花费很多时间，但是由于可以收获具有高食用价值的美味叶片，也不会浪费种子，所以算是一种更经济的种植方法。另外，覆盖地膜有防止土壤干燥、提高土壤温度、保持肥力等作用，可以让植株生长发育顺利，同时可以改善蔬菜的风味和口感。

推荐使用每隔15厘米开1个孔的5行孔地膜，使用起来比较方便。小松菜和水菜播种时，每个孔放5~6粒种子；难发芽的菠菜，每个孔放7~8粒种子。

在寒冷的冬季播种时，可以使用无孔地膜，用刀在上面笔直地划直线，在狭缝中挖播种沟并播种小松菜等。这种方法的保温性比有孔地膜要好，如果在大棚上加盖保温布，即使是初冬也可以在45~60天内采收。

缝隙状播种

用刀划出30厘米长的狭缝，狭缝和狭缝间隔3~5厘米（这样狭缝就不会裂得太大）。按下细棒做出播种沟，撒上种子并填埋土壤。

技巧 46

种植多种蔬菜，
孔距 15 厘米的地膜最方便

一般家庭菜园中经常种植多种蔬菜，如大萝卜、水萝卜、小松菜、水菜和芥菜。要种植尽可能多的蔬菜，做垄播种是一项艰巨的任务。但在有限的区域内，如院子或社区农场，没有空间做多个田垄，很多人只能放弃多品种种植。

在这种情况下，推荐使用间隔 15 厘米开孔的地膜进行多品种种植。在同一块田地上覆盖开孔地膜，将不同蔬菜播种在不同孔中，以此来分区，这样就可以种植多种蔬菜。小松菜和水萝卜需要间隔 15 厘米播种，大萝卜则需要间隔 30 厘米播种，都要空出第一个孔（参考下图）。这种方法除了可以省去使用多个地膜或防虫网的麻烦外，还可以适当保持土壤温度和湿度，并改善植株生长发育状况。

发芽后要适当间苗，并通过追肥来补充营养。小松菜和水萝卜，在根（孔）上撒肥料；大萝卜，可以在其根和周围空着的孔上撒肥料。这将使养分分布在更广泛的土壤区域，并提高肥料的有效性。追肥后，用手或细棒将肥料和土壤混合，充分浇水使肥料溶解后，效果会很快显现。

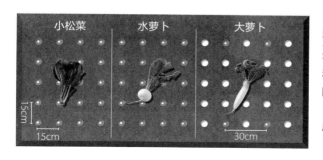

种植案例

将小松菜和水萝卜播种在各自的孔中，间隔 15 厘米。对于大萝卜，株距为 30 厘米，应隔 1 个孔播种。

技巧 47 利用防虫网打造美丽蔬菜

秋冬季的卷心菜、大白菜、小松菜等十字花科蔬菜往往容易受到毛毛虫和小菜蛾等害虫的啃食，如果不做防范，菜叶上就都是虫眼。最有效的措施之一是安装防虫网，物理上阻止害虫的入侵，这样不需要农药就可让植株正常生长。

一定要在播种或定植后架设防虫网。如果害虫产卵后再架设，将导致虫害在网内大量暴发。架设防虫网时要用土壤填充边上的部分，以消除缝隙。

防虫网有多种网眼样式（参考第119页）。网眼为1.0毫米的可防控菜青虫、夜蛾、小菜蛾等，如果想防控蚜虫，最好选择0.8毫米或更小的，防控效果更好。但网眼越小，通风性就越差，选择时请斟酌。

即使架设了防虫网，已定植的幼苗上也可能带有害虫虫卵，或者土壤中存在害虫虫卵，这些都有可能导致虫害暴发。所以，即使架设了防虫网也不要太松懈，应在进行耕种、追肥、除草等工作时，不时翻网检查内部叶片的状况。如果叶片有虫眼或有幼虫粪便，则表明害虫已经出现。检查时一定不要翻看叶片的背面，找到害虫后应立即清除。

按品种的早晚熟性陆陆续续采收

　　秋冬季蔬菜的采收高峰是 11~12 月，但同一时间大量采收会有很多苦恼。如果将种植时间错开，虽然可以延长采收时间，但是分成 3~4 次种植又是非常麻烦的事情。在这里介绍一种只需播种 1 次即可享受长时间采收的方法。

　　蔬菜有早晚熟的特性，也就是从播种到采收之间的时间不同，按照采收时间从短到长分为极早熟、早熟、中早熟、中熟、中晚熟和晚熟品种。一般在蔬菜种子的袋子或产品手册中会标注，不同种苗公司标注的方法各有不同，在选择品种时请仔细检查。

　　以白菜为例，利用这种特性，可以将其早熟、中熟和晚熟品种同时播种。早熟品种在 11 月就能采收，晚熟品种要到第二年 2 月才能采收，这样就可以实现陆陆续续采收了。

　　蔬菜的种植时间越长，病虫害发生的概率就越高，而且施肥所需的劳作也就越多。因此，建议初学者种植早熟品种。但是具有较多种植经验的人，推荐种植晚熟品种，因为晚熟品种一般产量大，如果成功种植会很有成就感。即使花费不少时间和精力，但生长缓慢会让蔬菜味道更好，值得挑战一下。

第二章　四季种植的管理方法／秋季种植的管理方法

早晚熟品种（白菜）

品种	从播种到采收的时间／天
极早熟	50~60
早熟	65~70
中早熟	75~80
中熟	85~90
晚熟	95~100

技巧 49

大萝卜和水萝卜只进行 1 次间苗

通常大萝卜和水萝卜的间苗要根据生长情况进行 2~3 次，但建议在秋冬季种植时只进行 1 次。

间苗时摸清各种蔬菜合适的时机，可以防止间苗伤根，有利于植株加速生长。此外，减少间苗次数也可以节省耕作管理的劳作。

间苗的关键是合适的时机。大萝卜和水萝卜都有各自间苗的最佳时机，因此务必确保在这个时间段间苗。

9 月播种的水萝卜是在气候温暖的季节发芽，植株之间会相互竞争，所以应在展开 2~3 片真叶时进行间苗。在植株之间留出足够的空间，这样即使温度下降也能顺利生长。

大萝卜在叶长达到 20~25 厘米时进行间苗。大萝卜生长时，其根部先向地下深处扎，直至足够的长度，然后再横向生长。所以如果间苗延迟，会发生根部相互缠绕开叉，或者根部直径不够的情况。

间苗后一定要追肥。在植株基部，每个穴撒 10~15 粒化肥，可以促进植株生长。

在大萝卜的叶达到 20~25 厘米长时间苗，每个穴留 1 株。注意留下的植株叶片不要有折损。

水萝卜真叶展开 2~3 片时间苗，每个穴留 1 株。只间苗 1 次，将植株间距调整成 15 厘米。

叶菜类在傍晚采收

采收亲手养大的蔬菜是家庭菜园真正的乐趣。正因为是自己养大的，才想要在最美味的时间采收它们。

像小松菜、菠菜、乌塌菜等叶菜类，光合作用产生的养分会积累在叶片中，所以建议在晚上采收叶菜类。尤其在天气寒冷时糖分会转移到叶片中，会让其变得更加美味。

采收叶菜类的方法有两种："拔出式采收"是将蔬菜连根拔起，"切割式采收"是用剪刀或镰刀紧挨着地面将蔬菜切下来。如果是"拔出式采收"，用剪刀剪掉根系，既可防止浪费又能干净整洁地采收蔬菜。将伤叶和短叶去除，可以避免叶片损伤，外观也好看。在切割式采收完成后，要从田地里拔出根系，这样不会对后面的蔬菜产生不利影响。将采收的蔬菜带回家时，要包在报纸里，以免它们变干。

拔出式采收

①

手握着茎将蔬菜拔出。

②

轻轻抖落土，用剪刀剪掉根。

切割式采收

用剪刀或镰刀从植株基部切断。

带回去的方法

用报纸包裹蔬菜，再用水稍微打湿报纸，防止蔬菜变干。

技巧
51

保持根菜类新鲜的诀窍

与叶菜类不同，胡萝卜和大萝卜这样的根菜类一般什么时候采收都可以。

有两种技巧可以将田间采收的根菜类带回去的同时保持新鲜。

第一种，切掉叶片。采收后立即用剪刀或菜刀切掉叶片，以免叶片消耗可食用的根部养分。根和叶片分开存放，都可以保持新鲜。水萝卜的叶片营养丰富、味道鲜美，煮或炒都很好吃；胡萝卜的叶片干燥后又脆又香，别有一番风味。

第二种，请勿在现场（菜园等）用水冲洗。如果用水冲掉泥浆，看起来很新鲜，但是回家在烹饪之前又要用水冲洗，其新鲜度就会逐渐下降。另外，残留在植株根部和叶片背面的水分会升温，同时滋生细菌，使蔬菜更容易受损。因此，最好将报纸包裹的蔬菜直接带回家。用潮湿的报纸包裹蔬菜可以让其保持新鲜。

回家后用水洗净蔬菜，不立刻吃的用报纸包好保存起来。

小知识

不脏手不脏蔬菜，干干净净地采收

从土壤中拔出蔬菜时，请决定好用哪只手拔。如果您用右手抓住叶片并将其拔出，用左手剥掉泥浆（如右图），则右手会始终保持干净。如果在采收过程中清除一部分泥浆，之后更容易用水洗净，总体工作效率会高。

技巧 52 想要经历霜冻的蔬菜

　　从秋季到冬季，一般都会种植叶菜类，但叶菜类的耐寒性各异。

　　像菠菜和乌塌菜这类蔬菜经历了寒冷反而更好吃。这是因为植株为了不让叶片受冻，会在叶片中积累糖分，从而增加了甜味。当菠菜暴露于寒风和霜冻中时，叶片会变厚，而有些蔬菜的叶片会萎缩，油菜的叶片则会在地面形成花朵状。

　　小松菜、水菜和油菜也有一定的抗寒能力，但霜冻会损坏叶尖并使其变成褐色。在霜冻开始前（11月中、下旬），将有孔的保温布铺在大棚上保暖，可以延长采收期。

　　春菊的耐寒性差，结霜时会变黑枯萎导致无法采收，所以应尽早采收完。如果在结霜前将有孔的保温布铺在大棚上保暖，则可以将其采收期延长2周。

> 正因为是寒冬，所以一定要尽可能地准备好土壤。

技巧 53

寒冬大棚种植，可以覆盖两层

冬季种植建议使用保温布，可以覆盖在大棚上。保温布可以阻挡外界的冷空气，让棚内保持适当的温度，这样即使在冬季，也可以播种定植，并收获美味的蔬菜。保温布有具有高保温效果的厚的"乙烯基布"，还有在低温下也不易变硬的"农用PO膜（农业用特殊聚烯烃膜）"。

在冬季可以种植菠菜、小松菜或水菜等耐寒性叶菜类，以及大萝卜、胡萝卜或水萝卜等根菜类。但是在日本北部等严寒地区，由于温度较低，耕作可能十分困难，所以不要勉强。

在日本中部和温暖区域推荐使用"防虫网"＋"保温布"的双层覆盖模式。保温布有"无孔"和"有孔"两种，一定要使用"有孔"的。防虫网外盖上一层保温布就能提高保温效果，而且有孔可以通风，不会让内部又闷又热，像蒸笼一样。

一定要注意的是挑选蔬菜品种。在购买前一定要看清栽培日历或种子袋外的标注，确定是可以冬季种植的品种再购买。

冬季种植的品种在一定条件下，容易出现抽花茎的现象，所以最好选择晚抽性的品种。

"防虫网"＋"有孔的保温布"的双层覆盖模式，在提高保温效果的同时，有孔可防止内部温度过高，从而节省了早春的换气工作。当温度升高时，只需取下保温布即可。

技巧 54 将秋冬季的蔬菜碎渣埋入土里

采收完卷心菜、西蓝花和大萝卜这类秋冬季蔬菜后，田中会残留大量采收后的园艺废物。如果长时间放置在菜园中不管，很有可能会成为病虫害的温床，因此要尽快清理它们。

这类园艺废物除了作为垃圾丢弃之外，还可以将其埋在一个坑中进行堆肥，但如果菜园里有地方，建议将其直接捣碎埋入土壤中进行分解。进入春季的这段时间，这类园艺废物将被微生物分解，为土壤增加养分。

如果将园艺废物直接埋入土壤中，由于土壤温度很低，就形成了被冷藏保存的效果，这样分解就需要花一些时间。所以，应该将其切成小块铺在土壤上，放置 1 个月变干燥后，用锄头仔细将其与土壤充分混合，再埋入田间。茎和根中比较坚硬的部分很难分解，因此要把它们拿出来作为垃圾处理。

① 采收后，将残叶切掉，用铲子捣碎。去除硬的茎和根（图为卷心菜）。

② 将切碎的残渣铺在土壤上面，晾晒 1 个月。

③ 和土壤充分混合后，用锄头仔细将其埋入田间。

细

技巧 55

在"寒冷灭菌"时使用米糠可改善蔬菜风味

"寒冷灭菌"是利用冬季的低温杀死土壤中的病原菌来使土壤恢复活力的方法之一。一般从 1 月中下旬开始，让土壤暴露在严寒中至少 1 个月。

在进行"寒冷灭菌"时，建议在用铁锹挖土时添加米糠。米糠能激活土壤中微生物的活力，从而改善土壤的透气性、保水性和排水性，同时也可以改善之后种植的蔬菜风味。

这个方法十分简单。在准备"寒冷灭菌"的土壤上均匀撒上米糠，用量为 400~500 毫升 / 米^2，然后将铁锹插入土中约 30 厘米深，铲起土壤并将其翻转过来，使米糠进入地下。注意要将米糠与土壤充分混合，不要让其残留在土壤表面，不然会被鸟类或昆虫啃食。挖出的土壤经过反复冻结和解冻后，会变得十分松软。

1 将 400~500 毫升 / 米^{2}米糠撒在地表。

2 用铁锹挖 30 厘米深，将里面的土和表层土交换。为了让受寒面积更大，不要捣碎土块。

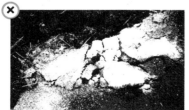

注意不要在土壤表面留下米糠。

技巧 **56**

每 3 年用 1 次植物性堆肥作为礼肥

为了种出美味的蔬菜，必须使土壤中富含大量有机质。蔬菜采收后的冬季，没有太多耕作管理工作，因此是精心准备土壤的理想季节，这样第二年春季就可以进行耕种了。

首先，在 1 月中下旬进行"寒冷灭菌"，以激发土壤活力。在"寒冷灭菌"时，土壤被挖出后要添加米糠，以增加土壤中微生物的活性，同时提高地力（参考第 78 页）。然后从 2 月中下旬开始，向土壤中添加牛粪堆肥。这与耕作前施用的堆肥不同，在日本也被称为礼肥，意思是在前一年种植蔬菜后土壤中养分减少，所以为了答谢土壤使用的肥料。

每 3 年使用 1 次礼肥，建议用 300~400 克 / 米^2 的腐叶土、树皮堆肥或是利用园艺废物的"自制堆肥"等植物性堆肥来代替牛粪肥。腐叶土是由阔叶树（栎树、米槠树、橡树、柏树等）的叶片为材料制成的，树皮堆肥是以树皮为材料制成的，都含有大量的纤维，所以能增加土壤中的空气，从而达到软化土壤、改善透气性的效果。这样不仅可以改善土壤质量，还能让植株的根更容易生长，所以蔬菜就能生长得更好。

堆肥最好在春季播种开始前 2 个月进行，使其与土壤充分混合。播种时，照常使用基肥。

小知识

捣碎下层土，每 5 年进行 1 次

在种植蔬菜大约 5 年的菜园里，建议对土壤进行根本性的改良，但这并不是每年都要做的。将通常耕种的表层（大约 15 厘米深的土壤）的下层土壤压碎，一般用铲子挖 50~60 厘米深，这样可以改善土壤排水性，根也能更好地生长。这是一项强度大的体力劳动，因此要有计划地逐步进行。

技巧 57

维护工具，防止老化

锄头或耙子、支柱等是种植蔬菜必不可少的重要工具，购买后只要不坏就可能使用 5~10 年。因此使用后应该做好维护，这样才能保持良好的状态。

当完成一天的工作后，应该先用水冲洗使用过的工具，清理上面的土或污垢，然后将其晾晒至干燥。这是因为铲子或锄头上的土，以及修剪过植株的剪刀都可能携带病原菌，如果不清理干净，会在下一次使用时传染到其他植株上。

此外，锄头、铲子、耙子、移植铲等工具应每个月清洁 1 次，并在金属部分涂上防锈油进行保养。当刀刃变钝时，可以用锉刀磨快。如果锄柄和锄刃之间的连接处变松，可以插入楔形物以使其保持无间隙。如果缝隙不大，可能是因为木头干了。在这种情况下，使用前将接缝浸泡在水中，等到木质部分膨胀就没有缝隙了。

像防虫网这样的覆盖物清洗干燥后，可以重复使用多年。无纺布也可以重复使用 2~3 次。

支柱或 U 形针同样也要用水洗干净，以备下次使用。折损或弯曲的支柱要切成一段一段，捆好后包住尖端以防人被割伤，然后再扔掉。

锄头等使用后

①

如果锄刃或锄柄上有泥垢，可以用刷子一边冲水一边清洗。

②

用抹布将水擦干净，然后晾干。

锄头接合处松了时

①

如果有间隙，可以插入农用楔形物。

②

然后将楔形物钉进去。

喷头使用后

①

把喷头拔下来，将里面的土和水都倒入盆里。

②

如果喷头出水不畅，可以用牙刷清理其孔眼。

锄头应每个月保养1次

①

在锄刃的两面都喷上防锈油。

②

擦掉多余的油。每天都涂防锈油会对土壤不好，保持每个月1次就行。

锄头生锈时

①

土壤中的酸性物质会让锄头生锈，要在生锈严重前进行处理。

②

用砂纸将铁锈磨掉。先用粗砂纸，慢慢换成细的。

剪刀使用后

用海绵将剪刀上的污垢擦干净。清洗时将剪刀开张到最大。

防虫网使用后

将防虫网团到最小泡进水里，轻轻揉洗，然后在晾衣架上打开晾干。

我的体验农园

我经营的体验农园叫作"375 克之乡"（原文为"百匁の里"，匁是日本古代的计量单位，1 匁约等于 3.7 克，这里进行了直译），位于练马区。体验农园是在 1996 年开办的，由农民开设，并在市或区政府的支持下运营，与地方政府建立的市政农场不同。

在自己的田地里打理蔬菜，什么时候来都行。

体验农园的一个特点是，由农民决定种植计划，并提供种植田地，同时准备所有可能用到的物品，包括幼苗、种子、肥料和其他工具。每个月有几天通过教学对会员进行耕种指导，之后会员在自己的耕种区中进行实践。

在"375 克之乡"中，每个会员的耕种区平均为 3.3 米 ×9 米。体验时间为 3 月中旬～第二年 1 月中旬，按照我们的种植计划，可以种植大约 40 种蔬菜。有些会员已经参加了 10 多年，所以我们尽量每年制订不同的蔬菜种植计划。

2 月～3 月中旬闭园休耕整理土地。为了让会员的蔬菜生长良好，在这期间我们使用拖拉机和深耕机进行犁地，要深达 1 米，并在田地一角进行园艺废物堆肥。为了获取美味的蔬菜，土壤是至关重要的。

在教室里用黑板教学，讲解当天的耕作内容。

公用的农具好好摆放在规定的位置，等待使用。

12 月做年糕是"375 克之乡"的固定项目。

CHAPTER

第三章

3

使用这个技巧种植的蔬菜，

美味又高产！

针对不同蔬菜的
额外技巧

种植什么品种？

怎么增加产量？

怎样让蔬菜更好吃？

我们将这些知识和技巧分成春夏季和秋冬季两类来介绍。

技巧 **58**

——— 毛 豆 ———

通过切根来提高坐果率

导致毛豆结荚困难的因素之一是"藤蔓徒长"。乍一看，植株茎叶生长茂盛，但重要的豆荚却结不出来。

蔬菜当中，尤其是豆科蔬菜会与根瘤菌共生。共生后根能获得氮素并向植株提供营养，如果施肥过多，很容易导致"藤蔓徒长"的现象，所以一定要注意肥料用量。

还有一种通过抑制植株高度来改善结荚的技术。在初生叶（子叶之后长出的叶片）出现时，将苗连根拔起，用手或剪刀切掉3厘米主根，然后将植株再种回原来的地膜孔中。这样植株会受到刺激，在供给枝条营养前会优先供给根系养分，所以植株就不会长得太高。同时，茎会长得粗壮，不易受风的影响，因此在生长过程中不会倒伏，容易长出很多花芽。

预备～开始！

根瘤菌是一种土壤微生物，能在植株的根上形成颗粒状的根瘤，经常在毛豆等豆科蔬菜的根上看到。

在初生叶出现时将植株连根拔起，用手或剪刀切掉3厘米主根。

每个种植穴再选2株好苗种回去。

充分浇水，稳定根系。

将主根切掉3厘米（有时在拔的时候就扯断了）。为了方便观察，图为抖掉土的示范。

技巧 59 夏播秋收的风味更浓厚

常见的毛豆是春播夏收的模式，但也有夏播秋收的，一定要尝试一下。秋收毛豆比夏收毛豆要麻烦一些，但和夏收的口感不同，其奶油般浓郁的甜味及柔软光滑的口感让人回味不已、难以忘怀，每年都想种植。

秋收毛豆在8月中旬播种，过于炎热会让毛豆难以发芽，因此必须使用遮光网，其余操作与夏收毛豆的基本相同。另外，如果想收获美味可口的毛豆，一定要在开花前追施能增加鲜味的有机肥（鱼粉或蟹壳），并且要一株一株地施，之后充分浇水，植株就会茁壮生长。

技巧 60

非藤蔓性品种更加柔软好吃

四季豆耐热性较好，相对比较容易种植。四季豆有两种，一种是有藤蔓且超过2米、需要搭支柱的"藤蔓性品种"，另一种是没有藤蔓、植株高40~50厘米的"非藤蔓性品种"。每个人口味不同，但我在口味和栽培方面都推荐"非藤蔓性品种"。

"藤蔓性品种"在早期结荚较多，但与"非藤蔓性品种"相比，豆荚硬度略高。在采收末期，"藤蔓性品种"的豆荚变得五花八门，有的明显饱满，外观略引人注目，尽管其最终产量高于"非藤蔓性品种"，但因为它的花是从底部依次开放，所以豆荚也从底部依次生长，每回的采收量便没有那么多。

而"非藤蔓性品种"豆荚表皮柔软，豆子不易膨胀，隆起也就不明显。细豆荚没有筋，很容易食用，十分鲜脆。

对于株高不是很高的"非藤蔓性品种"，仅需要搭建临时支柱，无须立长支柱，而且比"藤蔓性品种"的生长期短，可以在春季和秋季各种植1次。还有一个优点就是一次可以采收足够多的量，方便烹饪。如果采收稍早，其味道更加甜脆多汁。

番 茄

让植株在两处生根，
可以实现长期采收

技巧 **61**

　　延长番茄采收期的种植方法可能对初学者来言稍微有些难，但在这里也介绍一下。定植番茄时，把苗斜着放置，将中间的茎埋入土壤并让其生根，这样就有两处根系同时吸收养分，增加了根量也促进了生长，能够结出更多健康的果实，在夏季也不会"中暑"，并且能实现长期采收。同时，即使出现徒长现象，也容易恢复。

　　定植时，每株间隔 60 厘米，留足让植株倾斜的空间。以 45 度角将幼苗种入土中，整个根钵也都埋入土中。当植株生根、茎的尖端朝上时，将茎弯曲到离根大约 30 厘米处，用 U 形针固定，并盖上土让其生根。

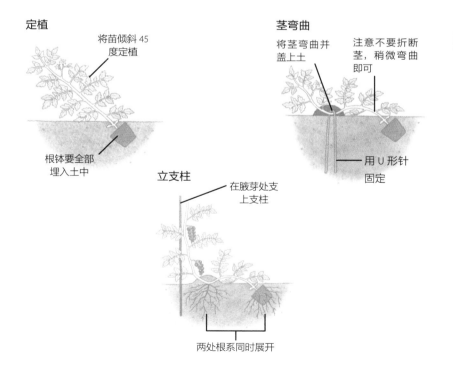

定植

将苗倾斜 45 度定植

根钵要全部埋入土中

茎弯曲

将茎弯曲并盖上土

注意不要折断茎，稍微弯曲即可

用 U 形针固定

立支柱

在腋芽处支上支柱

两处根系同时展开

技巧 **62**

搭建 2 根拱形支柱，可以实现大量采收

　　通常，番茄种植的主流是去除主枝上的所有侧芽，只留 1 个主枝，但是在栽培中小型品种时，除了主枝还会留 1 个侧枝，形成 2 个枝条，产量是只留 1 个主枝的 1.5 倍。

　　留下来的侧枝一般都是第一花芽下的侧芽，或者是比较健康的侧芽。但要避免留下那些从植株基部长出来的侧枝，因为这些侧枝比较容易折断。

　　番茄种植后，搭起 2 根拱形支柱（长 240 厘米、粗 2 厘米，拱宽 60 厘米），2 根支柱在顶端交叉，主枝和侧枝都呈螺旋状地牵引到支柱上。当茎长成环状并且叶片开始变得拥挤时，将支柱内侧的叶片去掉一些。在花与花之间的 3 片叶中，去掉长在内侧的 1 片叶，不仅改善了内部通风，防止闷蒸，还可以防止病虫害，并加快了结果速度。

　　由于植株是环形的，所以计施肥次数时从底部的第三节采收果实后就开始第一次施肥。施肥时，要掀开地膜在植株周围施肥，施肥量为 40~50 克 / 米^2。之后植株根系会展开，所以第二次之后的施肥，可以直接将肥料撒在垄的外侧。每 2 周施肥 1 次，每次用量相同即可。

小知识

一边扭植株一边牵引

番茄茎的纤维多容易折断，但抗扭曲性比较强，可以沿支柱扭转植株的同时将其牵引到下一根支柱上。

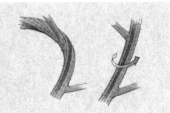

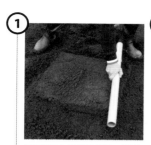

① 调节完土壤酸碱度，撒上完全发酵的牛粪肥 2~3 升 / 米²、钙镁磷肥 50 克 / 米²、化肥 100 克 / 米²，做出 50 厘米 × 50 厘米的垄。

④ 4~5 周后，当植株长到 70~80 厘米时卸掉防虫网。架起 2 根长 240 厘米的拱形支柱，上方交叉，用麻绳固定。

⑦ 叶片过于茂盛时，可以将内侧的叶片用剪刀剪掉，保持通风良好。下方第三节的果实采收后，要及时追肥，追肥量为 40~50 克 / 米²。以后每 2 周追肥 1 次。

② 在垄上覆盖透明或黑色的地膜，中央定植 1 株幼苗，罩好防虫网。

⑤ 当主枝和侧枝长出后，用麻绳将它们固定在支柱上进行牵引。2 个枝条上的腋芽要去除。

⑧ 这是主枝和侧枝伸长后进行环状牵引的样子。1 株约能收获 180 个果实。

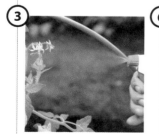

③ 定植 3~4 周后，给第一茬儿花进行人工授粉。然后喷洒植物激素，在花房上部轻轻拍打。

⑥ 使枝条呈螺旋状盘绕在支柱上，用麻绳固定牵引。注意不要让枝条交叉。

茄　子

技巧 63
如果想植株皮实就选择嫁接苗，如果想要品种本来的味道就选择自根苗

　　到了春季，在贩卖茄子、柿子椒、黄瓜等幼苗的店中，会有一种叫作"嫁接苗"的幼苗。很多人觉得"听起来好像比其他的好"，所以就购买了。

　　嫁接苗是将想要种植的蔬菜，嫁接到其他蔬菜的根部（砧木）上的幼苗。例如，将"红色茄子"的品种用作砧木，因为它更接近原始种并且更皮实，而嫁接在砧木上的蔬菜则具有了以下优点：

　　1）对连作障碍的抵抗力强。

　　2）生根力强、产量高。

　　3）在低温下也能生长良好。

　　尽管嫁接苗价格高昂，但一般都很皮实，很少有不成活的，因此特别推荐给那些初学者或不知道自己的地之前种过什么的种植者。

　　和嫁接苗相反的就是自根苗。自根苗比较便宜，推荐在前作不是茄科蔬菜的田地里种植。自根苗能保持品种原来的特性，果实口感比嫁接苗要好。尽管没有科学依据，但有些人认为自根苗地下与地上部分生长在相同的根上，因此营养和水可以更加顺利地供应，这可能是其口感较好的原因。

　　顺便一提，可以尝试种植中长型茄子，其大小一手能握住，果实外皮柔软、多汁且美味。无论购买哪种幼苗，都可以尝试一下！

技巧 64 用喷水解决茄子的"中暑"问题

梅雨季节雨水多、温度高，是茄子最喜欢的高温高湿环境，所以在梅雨季节培育茄子，植株长势好，生长发育都会很顺利。

但是，当梅雨季节结束后，天气持续干燥、阳光充足，茄子坐花率会下降，果实的数量也开始减少。而且植株一旦变弱，诸如蚜虫和红蜘蛛等害虫很可能在叶片的顶端和背面暴发，如果不及时根治，蚜虫会成为病原菌的媒介，让植株整株枯萎，因此早做对策很重要。

除掉害虫可以用胶布粘，但是最简单的方法是用水清洗整个植株。给喷壶配上喷水软管，用水对着容易被蚜虫或红蜘蛛附着的枝条顶端或生长点冲洗，尤其是在炎热的夏季，这种方法也可以用于浇水，对于不喜欢干燥的茄子非常有效，有助于让因高温和干燥而变弱的植株恢复活力，可以说是一石二鸟的方法。

浇水后，建议将秸秆撒在植株基部（地膜上），可以阻挡阳光直射到植株基部，不仅可以预防干燥，还对防"中暑"非常有效。浇水时，还可以起到"垫子"的作用，防止土壤变硬。

技巧 65 开花过多时要疏蕾、疏花、疏果

　　原产于热带的辣椒偏好酷热环境。在酷夏时，果实接连收获，几乎多到让人拿不下，这种满足感可能在蔬菜中是首屈一指的。但是高峰期过后，会长出变形的小果实。

　　柿子椒和绿辣椒在枝条的每个节点上都会结出果实，并且从那里开始，侧芽以 V 形生长。枝条分叉后成倍增长，每个节点又都会开花，再加上坐果率高，便会有大量的果实挂在枝条上，给植株造成很大负担，容易让植株"中暑"，导致果实变形。

　　想要在秋季也能收获优质的果实，关键在于要疏蕾、疏花、疏果，控制植株结果数量。

　　方法很容易。首先，在最初采收第一批果实时（1~3 茬儿），趁其还小就赶紧采收。此后，在 6~7 月的采收高峰期会结出许多花或果实，此时要摘掉全部花蕾、花或果实的 1/3。

　　同时，对植株内侧的枝条和下垂在外侧的树枝进行修剪，以改善光照和通风，促进植株生长，可以直到秋季都能收获优质的果实。

摘掉一茬儿花。如果在根系尚未扎稳时就结果，那么植株自身生长所需的养分将会减少，长势就不令人满意了。

—— 黄 瓜 ——
技巧 66
在第 8~10 节进行摘心，可以长出优质的新藤蔓

　　5月初定植黄瓜苗，7月初就能采收，它是一种短期蔬菜。为了准时采收，关键是改善其初始生长。黄瓜不耐高温多湿的环境，因此植株基部一定要保持凉爽，有好的透气性，植株才能健康成长。

　　保持植株基部清爽的关键是，从老一代藤蔓的第3~5节处伸出的新藤蔓要尽早去掉。从第3~5节处出现的花芽，也要尽早摘掉以减少植株的负担，促进早期生长，让其长大。

　　等到植株长大后，摘心的位置也很关键。通常植株长到和支柱一样高时要摘心，如果错过了这个时间点，植株就会变弱而且很难再出分枝。摘心一般在第8~10节的位置，这样植株长势会非常好，还能再长出健康的新藤蔓，并向左右扩展结出很多果实，在很长一段时间里都能保持旺盛的生长发育。

　　即使开始采收后，也要经常摘掉变黄变干的下部叶片，或是重叠的叶片等，以改善通风。尽早采收达到采收标准的果实，以减轻植株的负担。此外，黄瓜的根系浅，直射阳光很容易对根系造成损伤，所以在梅雨季节过后，应在植株基部撒上稻草进行防晒。

在植株长势旺盛的第8~10节进行摘心，新的藤蔓就会长出来。

植株基部第3~5节出来的新藤蔓要从基部去掉，以保持通风良好。

第三章　针对不同蔬菜的额外技巧／春夏季种植的蔬菜

南 瓜

技巧 67
结出南瓜后施肥，味道会更好

　　南瓜是蔓生蔬菜，为了让其风味更好，有一些施肥的技巧。长到约 2 米时的藤蔓上会长出气生根，气生根也会吸收营养和水并运送给果实。因此，可以在结果位置附近（第 9~15 节）的气生根周围埋入有机肥（油渣、米糠、鱼粉等）。在植株定植后，确定好藤蔓伸展的方向，在这个方向离植株基部 1 米远的地方，每株撒一小撮有机肥，和土壤充分混合。

　　之后，从藤蔓中长出的气生根会吸收有机物的鲜味成分转移至果实，就可以让果实风味更好了。此方法也可以用于西瓜。

这是在藤蔓上长出来的气生根，可在这附近施有机肥。

技巧 68

西 瓜

使用遮光网防止果实熟过了

　　大型果实（如西瓜和甜瓜）在成长过程中过多地暴露在直射阳光下，可能会导致口感下降，这个状态被称为"熟过了"。

在预计极热的年份中，可以通过在果实生长时用遮阳网覆盖整个田地，或将果实装袋来保护其免受高温损伤。不过装袋的果实一般生长得比较缓慢。

但要注意，如果在果实未上色之前就使用黑色遮光网阻挡光照射，瓜皮上色会很差。

观察卷须以确定最佳采收期

其实很难确定何时采收西瓜最美味，也无法通过轻敲果实的声音来确定合适的采收时间。在人工授粉时可以通过计算授粉后的天数和累积温度（每天温度的累积）来把握成熟期，但有时是自然授粉。

所以为了判断果实成熟期，可以观察西瓜果实周围的卷须，通过观察可以在某种程度上确定其成熟度。随着果实成熟，靠近瓜蒂（果柄处）的卷须会变成褐色并枯萎，这其实是一个判断果实成熟好的方法。如果还不放心，可以检查果实前后两个部位的卷须。

检查西瓜果实附近茎上的卷须是否变成褐色。

技巧 70

玉 米

被风吹倒的玉米不用扶起

玉米一般株高为 2 米。在炎热的夏季，将新采收的玉米煮熟或烘烤食用是最幸福的。

玉米虽然根系很有力，但直立茎抗风性极弱，所以我们经常看到由于强风而导致大片玉米从基部倒伏的场景。如果种植的玉米株数较少，可以用支柱支撑并束紧绳子，但种植范围较广时就很难都用支柱支撑了。

如果碰到玉米被风吹倒了，建议不要急于扶起来，最好就让它们这样倒着。即使什么也不做，几天后，玉米秆会重新站立起来。

当看到玉米倒伏时，很多人都想扶起它，但是不能这么做，要按原样观察。如果用手强行扶起，被风损坏的根和气生根（从茎延伸到地面的根）将被再次损伤，让植株变得更弱。

玉米的雄花开在植株顶部，雄花花粉散落，可以给雌花的雌蕊授粉（玉米须）。如果在花粉飞散期间（雄花盛开时）植株倒伏，那么仅通过摇晃植株也不可能成功授粉。在这种情况下，最好切下盛开的雄花，并拿到雌花附近敲打让花粉落下，以完成人工授粉。

为了防止植株倒伏，可以用 U 形针固定其基部。如果种植株数不多，这种方法就很方便。

技巧 71

折断果尖来判断是否可以吃

秋葵给人的印象是能抵御夏季的高温，并在清晨绽放美丽的花朵。秋葵有切口为五角形的，也有切口为圆形的。

五角形的秋葵，合适的采收时间是在开花后 3~4 天，有食指一样长（7~8 厘米），果荚在几天内会长得很大。如果长得太大，果荚将变得僵硬、纤维粗壮，但是这些不能凭外观察觉，因为有些果荚很小但也很坚硬。

这时可以尝试折断果尖来判断。用手指捏住果尖，如果砰的一下就折断了，那么就可以吃。如果很难折断，则说明已经长了筋就不能食用了。

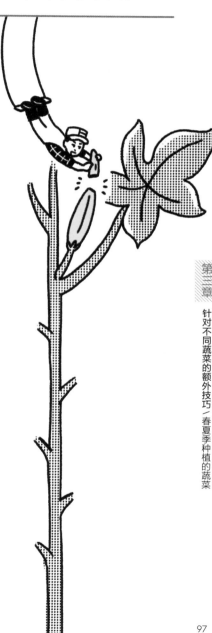

第三章

针对不同蔬菜的额外技巧／春夏季种植的蔬菜

技巧 **72**

————— 马铃薯 —————

种薯要纵切

在春季，最先种植的一般都是马铃薯。一般用于栽培的叫作种薯，为了防止病害，最好不要用食用马铃薯或自家制的种薯。可以在信任的商店或是超市、网店购买专门用于种植的马铃薯。

种薯有各种尺寸，具体取决于品种。如果买的是个大的种薯，最好将其切成 50~60 克的小块再使用。

切种薯有一些技巧，即用刀切成的小块上都有 1 个或 2 个芽。

切割的基本方向是从带有芽的部分垂直切至脐。这是因为马铃薯纤维有一个被称为营养纤维束的管，可让营养物和水通过，如果将其横向切开，则纤维束可能被切断，从而导致生长不良。

如果将切好的小块直接种植，则很容易腐烂，因此要将其排列在通风良好的地方进行干燥（不要互相压着），等切口变成软木状时再种植。如果没有时间干燥，可以使用草木灰或马铃薯专用切口处理剂处理切口。

小知识

使用整个种薯时要切掉边缘

如果种薯很小，则可以整个种植，但要用刀切掉新芽反侧（脐侧）的一部分，这样可以刺激种薯，并改善芽的生长状况。

73

严禁深埋，浅种不会失败

种植马铃薯种薯时，必须将切面朝下且间隔 30 厘米。种植穴的深度通常为 10~15 厘米，如果填入过多的土壤，发芽时间会很长，导致生长延迟。

另外，如果深埋，可能由于下雨等将水积聚在土壤中，从而导致种薯腐烂。因此，不要将种植穴挖得太深，大约 10 厘米即可，同时覆盖少量土壤（约 5 厘米厚），这样芽很快就出来了，同时植株的生长速度更快，可以在梅雨季到来之前采收，并且可以防止马铃薯腐坏。无须深挖沟渠也可以减少种植时间。

如果花蕾出现较早，就必须注意预防春季的晚霜。如果地面的芽暴露于霜冻下，叶片会变黑，并且初始生长会延迟。因此，如果收到霜冻警告，要用有孔的保温布或防虫网罩上，或用无纺布，可以防止叶片被霜冻损坏。

还有一种"倒置"种植方法，就是将种薯的切口向上。当用这种方法种植时，只有强壮的侧芽才能生长，而正下方的芽不容易长出，如此便可以限制芽的数量，省去了疏芽的工作。然而，种薯切口朝上，也有可能不会出现侧芽，并且有因为积水导致腐烂的风险。

米糠能预防疮痂病

疮痂病容易随着土壤 pH 升高而发生，为此可以通过撒些苦土石灰将土壤 pH 调整到马铃薯喜好的 5.0~6.0 之间。另外，将完全发酵的米糠撒在株间也可以防止土壤 pH 升高。

技巧 **74**

—— 甘 薯 ——

不让扦插苗枯萎

耐干燥和炎热的甘薯是初学者选择种植的理想蔬菜。种植时一般使用扦插苗，即切掉的藤蔓尖端。

扦插幼苗是一个精细的工作，最重要的是认真。只要能让幼苗很好地扎根，就几乎可以不理它了，我们要牢牢记住这一点。

尽可能选择新鲜的幼苗，要求其茎的长度为 25~30 厘米，茎粗且叶片多（7~8 片）。甘薯会长在埋在土壤中的每个节上，因此最好选择茎节间短、节数多的幼苗。

如果离定植还有几天，为了使幼苗保持新鲜，应将其保存在无风的阴凉处，把切口泡进装满水的桶中，或是将其包裹在潮湿的报纸里。

定植最好在阴天或 15:00 之后进行。如果在强烈的阳光下或在干燥的土壤中定植，幼苗可能会枯萎甚至死亡，因此在定植后要大量浇水并使用遮光网，以便幼苗更容易生根。

定植后 5~7 天，如果苗尖立起，则说明已生根，这时可以移开遮光网，让幼苗充分沐浴在阳光下。

将幼苗的切口浸入盛有水的桶中，以防止枯萎。

尽量选择长 25~30 厘米，茎粗、节间短、深绿色的幼苗，这样生根更容易。

种植方法不同则膨大方向不同，推荐斜插种植

　　甘薯种植一般使用扦插的方法（参考第100页）。为了让甘薯有膨大的空间，要做出30~40厘米的高垄。由于甘薯偏好排水良好的土壤，因此最好选择高垄，尤其是在土壤湿度高的地区种植。

　　甘薯一般长在埋入土壤中的节上，因此定植时要将幼苗的节埋入土壤中。根据扦插时幼苗角度的不同，种植方法分为垂直种植、斜插种植和水平种植3种。

　　通常，垂直种植的甘薯个头较大，水平种植的甘薯个头较小。很多人认为甘薯个头当然是越大越好，但是由于1株幼苗能生产出来的甘薯总量基本相同，所以个头越大数量越少，而个头小的数量就会多。

　　因此，可以选择折中的斜插种植，这样采收的甘薯个头不大不小，烹饪时也很方便。同时，如果选择用地膜栽培，就无法进行水平种植，只能选择斜插种植或垂直种植。

　　斜插种植角度为30度，插入后地面部分大约保留2片叶。扦插苗成活后，基本不费什么工夫管理，到了深秋就可以采收甘薯了。

斜插种植

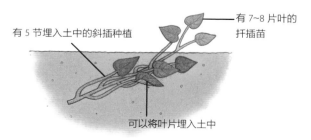

有5节埋入土中的斜插种植

有7~8片叶的扦插苗

可以将叶片埋入土中

第三章　针对不同蔬菜的额外技巧／春夏季种植的蔬菜

技巧 76

用地膜保湿，可以促进芋头膨大

芋头原产于热带地区，是一种偏好高温高湿环境的蔬菜。芋头讨厌干燥环境，因此建议在土壤不易干燥的半阴凉处种植。

种植芋头时，建议覆盖黑色地膜，不仅可以防止干燥，还可以提高土壤温度并防控杂草。

4月是种芋头的最佳时机，不过这个月仍有许多日子温度偏低，因此如果直接种植，发芽时间会延长。如果覆盖地膜，不仅可以提高土壤温度、改善发芽和初期生长，还可以在梅雨季结束后防止土壤干燥，从而促进植株生长，让芋头长得更大。

建议使用黑色无孔地膜。种植芋头后，将田地表面弄平并在上面覆盖地膜。出芽后，地膜会被略微顶起，这时应尽快将其切开，把芽放出来。

到了7月，植株地上部分生长茂盛，地下的芋头也开始膨大，这时即使仍然覆盖着地膜也没有关系。可以在通道上追肥，将土壤覆盖在地膜上，在植株基部培土。不过该方法在采收时需要花费时间才能去除地膜，所以建议使用可生物降解的地膜，这样随着时间的推移地膜会在土壤中分解，不需要剥离。还有一种方法，即在中途去掉地膜，然后再在植株基部培土。如果采用这个方法，要在叶片还小的时候，也就是6月前去掉地膜。

技巧 77

— 胡萝卜 —

穴播比较节约种子，间苗时也会轻松很多

　　胡萝卜很难发芽，因此有了"能发芽就成功了一半"的说法。胡萝卜播种一般在 7 月，因为梅雨季结束后持续高温干燥，所以发芽更困难。为了减少发芽失败的风险，很多人采用多撒多播的方法，这种方法不仅浪费种子，而且之后的间苗工作十分困难。

　　播种时，为了减轻后期的间苗工作，也能保证好的苗被留下来，可以间隔 5 厘米，每个穴播种 7~8 粒种子。因为播种密度较大，当种子同时发芽时，多个种子一起发力将土顶起来，从而提高了发芽率。当大量种子发芽后，还降低了潜伏在土壤中的害虫（如地老虎）对根啃食的风险。

　　在间苗时，因为是穴播，所以在挑选留下的幼苗时可以考虑平衡。每个位置挑选真叶展开 1 片的 5~6 株，真叶展开 2~3 片、株高 7~8 厘米的 3 株和株高 8~10 厘米的 1 株。

　　这样播种虽然方便，但如果播种沟过深或土壤干燥，则无用。胡萝卜种子是好光性的，播种沟过深（合适的深度为 7~8 毫米），或是上面的土壤压得过紧（参考第 48 页）都不会发芽。此后不要忘记用稻壳覆盖，然后盖上无纺布保湿。

胡萝卜种子的穴播

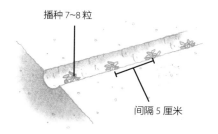

播种 7~8 粒

间隔 5 厘米

牛 蒡

在袋中栽培会让采收更简单

　　牛蒡的根生长在地下深处，因此在采收期间要深挖土壤，这在家庭种菜中是难度较高的工作。因此，建议使用装栽培土的袋子来种植。对于在袋中栽培，可以按原样使用培养土壤进行，采收时只需要打破袋子即可，因此很容易种植。挑战一下种植长度为 50~60 厘米的迷你牛蒡吧。

　　首先，准备约 40 升蔬菜栽培专用土壤，并将袋子放在田间阳光充足的角落。在袋子周围插 1 根约 2 厘米粗的支柱来固定。

　　接下来，在袋子底部和侧面下方（高度为 5~10 厘米）打 1 圈排水用的孔，间隔要相等，一共 15~20 个，最后用剪刀剪开顶端。

　　牛蒡种子有坚硬的外壳，很难发芽，所以播种前在水中浸泡一昼夜直到发芽。牛蒡种子是好光性的，所以播种穴深度为 7~8 毫米，间隔 7~8 厘米，每个穴播种 3~4 粒，一共 9 个播种穴。播种时，如果袋中的培养土壤干燥，要事先浇水润湿。如果在干燥的土壤中播种，然后再浇水，会把种子冲进更深的土壤中，从而使种子难以发芽。

　　在幼苗展开 4~5 片真叶后，每 2 周追施用水稀释的液态肥。待叶片变黄时，就可以采收了。

切开袋子后去掉土壤，就可以看到优质的牛蒡了。

茗荷草

三四年后重新种植能提高产量

茗荷草甜脆可口（食用部位为茗荷草花），是日本料理常用的食材之一，其独特的风味可以增强食欲，对因为夏季炎热而食欲不振的人们而言是很好的食物。

偏好半日阴的茗荷草可以在同一地方长时间种植，但 3 年后，植株逐渐变得拥挤，产量也会下降，无法采收到优质的茗荷草花。因此，每隔 3~4 年把茗荷草连根挖出并将它们移植在另一个地方。如果没有其他地方可种，就连根挖出后，在原地大量堆肥，再重新定植。

这项工作适合在 1~3 月，也就是茗荷草地上部分枯萎时进行。茗荷草在天气变暖后就会发芽，所以移植一定要在发芽前完成。用铲子仔细地连根挖起，并进行分株，之后选择有 3 个饱和芽的 15 厘米的分株进行再次定植。

定植时，用铲子犁地 30 厘米，取出土中的老根和枯叶，然后挖 1 个 30 厘米深的种植穴，将完全发酵的植物性堆肥（腐叶土、树皮堆肥等）足量地放入穴中，填入 10 厘米厚的土，将 3 株间隔 30 厘米并排种下，再覆盖 10 厘米的土就完成了。最后，用大量的堆肥覆盖土壤表面，这样可以改善植株长势，收获很多的茗荷草花。

技巧 80

韭 菜

割弃重长可以收获优质韭菜

　　韭菜种植可以从种子开始，但那样大约需要 2 年时间才能采收，因此建议使用幼苗种植。在整好的田地里，间隔 10~15 厘米种植数株韭菜幼苗。在那之后，叶片会长长，但是最开始的叶片又细又硬，要把它们切掉丢弃。再经过约 20 天，韭菜就会长出柔软而宽大的叶片，可在离地面 2~3 厘米处收割。丢弃最开始的叶片是收获高质量韭菜的捷径，这个方法对由于高温导致生长变弱的植株也同样有效，可以尝试一下。

技巧 81

大 葱

在持续放晴的日子里可以切掉叶尖

　　种植大葱有两种方式：春季播种育苗、夏季定植，或是秋季播种育苗、春季定植。

　　由于春季播种育苗，定植是在最炎热的夏季进行，因此定植后的幼苗可能会因高温或干燥而受损，从而导致枯萎甚至死亡。因此，在选定定植日期后要关注之后的天气预报，如果定植后好天气会持续一段时间，就在种植前用刀切掉幼苗青叶的一半。切掉蒸腾作用大的青叶部分，可以使幼苗更耐干燥并促使植株生根成活。和不切掉青叶的幼苗

在青叶一半的位置切。

相比，切掉青叶的幼苗生长速度会缓慢一些，但幼苗强健不易倒伏，管理工作也简单。

　　但如果定植后遇雨，雨水会顺着叶片切口进入而导致其腐烂，这种情况下就不要切青叶，应直接定植。

技巧
82

使用支柱预防幼苗倒伏

　　挖种植槽垂直种植大葱幼苗时，它们仅能依靠沟壁，根系周围也只覆盖了少量土壤，所以十分不稳，很容易随风摇摆或倒伏，对生根不利，容易延迟生长。因此，建议使用支柱固定幼苗。

　　做法非常简单。定植后，准备1根约1厘米粗的支柱，略长于种植槽。沿着幼苗将支柱横过来，支柱两端用 U 形针固定在种植槽外。如果种植槽很长而支柱不够长，还可以使用麻绳支撑幼苗，或者在种植前先搭好支柱或麻绳，沿着它们进行定植。

将支柱横穿种植槽，两端用 U 形针固定。

技巧 83　根据想要的粗度调节植株间距

大葱的粗度取决于植株间距。植株间距越宽葱越粗，植株间距越窄葱越细，可以利用这一特点来种植自己想要粗度的大葱。

葱白为 2 厘米的葱，一般植株间距为 5~6 厘米，如果想要更粗的葱，植株间距至少为 8 厘米。

在定植后 40 天左右进行 1 次追肥，不要进行土壤回填或培土，到了 9 月下旬后就要每 3 周进行追肥和培土。

技巧 84　自己培养大葱苗，葱叶也能吃

到了应该定植幼苗的 6 月下旬 ~7 月初，却没有合适的葱苗，遇到这样的情况也不用着急，大葱在田地里也很容易育苗。

大葱播种最合适的季节是 3 月上旬。在垄宽 70~80 厘米的种植区撒上苦土石灰 100~150 克 / 米², 然后进行犁地。之后撒上堆肥 2~3 升 / 米²、化肥 100~150 克 / 米², 犁地做垄。此时温度仍然较低，为了提高土壤温度，要使用透明地膜（植株间距和行间距为 15 厘米），每个穴中播种 7~8 粒种子。如果发芽率为 70 % ~75 %，则每个穴中会长出 6~7 株幼苗，不用间苗，直接培养成苗。到了 4~5 月，在地膜的孔中追肥，可促进植株生长。

在定植前 1 个月需要检查幼苗的粗度。理想的幼苗粗度为 7~8 毫米，如果生长条件良好，也有可能长到 1 厘米以上。但在这一个月

内幼苗还会生长，也可能出现定植时幼苗过粗的情况。

　　在这种情况下，要在植株基部 2~3 厘米的位置用剪刀或刀切断，会从中心长出新的叶片，1 个月后可以获得比之前小而健壮、粗度适中的幼苗。这样的幼苗植株低矮、叶片短，所以比较稳定，易于定植。从幼苗切下的叶片也可以与各种香料一起食用。在菜园里，初夏是一个大葱供应断档的季节，所以这种方法也会有一个不错的收获。

播种

葱苗太粗时

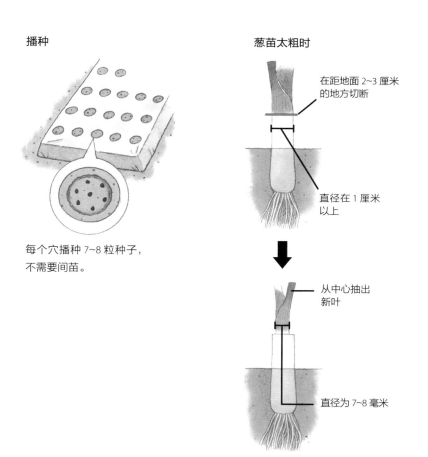

每个穴播种 7~8 粒种子，不需要间苗。

在距地面 2~3 厘米的地方切断

直径在 1 厘米以上

从中心抽出新叶

直径为 7~8 毫米

技巧 85

想要大萝卜直，一定要深耕、精耕

如果想得到又直又漂亮的大萝卜，播种前土壤的整理工作就十分重要。大萝卜根碰到土壤中的障碍物就会分支形成"叉根"，所以耕地时要犁40~50厘米的深度，去除石头、木片和残根等。如同谚语"萝卜十耕"的字面意思一样，种大萝卜要耕地10次，虽然不必特别拘泥于次数，但是整地的重要性可见一斑。

如果土壤颗粒太细，根部也无法顺利生长，并且生长发育状况会很差，所以整地时不需要筛土。

另外，如果根部周围肥料过多，根部可能会分叉。施肥时，应保持适量，均匀撒在土壤上，并适当犁地，将土壤和肥料充分混合。

间苗延迟会导致根弯曲，是出现叉根的原因之一。所以在根部深入地下并开始膨大前（播种后3~4周，有5~6片真叶展开），必须完成最后一次间苗，并追完肥。

预备~开始!

侧根过粗是因为过度使用肥料。

技巧 86

采收接力，3周内口感最佳

大萝卜一次采收太多也不好，因此介绍一个方法，可以在种植相同品种时，延长采收时间。即在采收适期的1周前，先采收一部分并吃掉，这时的大萝卜叶片柔软、根部新鲜。而在采收适期采收的大萝卜，能品尝到品种的原始风味，同时叶片还柔软，所以也可以食用。在采收适期后的1周，可以采收长大的大萝卜，这时的大萝卜还没有糠，十分美味。体型较大的大萝卜十分适合做锅底或炖煮。

这样就可以持续采收3周大萝卜。如果没有办法吃完，可以将大萝卜埋在土壤中保存起来。方法是挖一个30~40厘米深的坑，剪掉大萝卜的叶片，将其横着放入坑中，然后把土堆成小山状。

另一种延长采收时间的方法是错开播种时间，但这个方法只适用于春播。因为如果秋播也延迟播种，在根完全变粗之前可能会遭遇天气变冷，导致大萝卜停止生长。秋播时如果想延长采收时间，最好将采收期不同的品种一起种植，如迷你萝卜、三浦萝卜等。

采收令人惊喜的大萝卜，可以大饱口福。

— 水萝卜 —

生长发育越快越好吃

根菜类中，水萝卜的生长期较短，而且很容易种植。根据其大小，有小型、中型和大型 3 种类别，建议在菜园中种植较容易种植的小型水萝卜。除了用作炖菜或汤料之外，水萝卜还适合腌制或做沙拉。

想要种植优质的水萝卜，关键是专注于其生长速度。生长良好的水萝卜生吃有水果味，加热后口感柔软，入口即化；而生长缓慢的水萝卜，纤维含量高且质地坚硬，味道不是很好。

加快生长发育的秘诀是间苗和追肥。将 3~4 粒种子播种在 1 个穴中，之后仅进行 1 次间苗。为了加快根部（胚轴）增厚，间苗的最佳时机是很重要的，千万不要错过。

水萝卜苗开始会将根深深插入地下，随后胚轴横向膨大变成水萝卜。真叶展开 2~3 片时是间苗的最佳时期，此时每个穴留下 1 株。之后，每株追肥 1 捏，补充养分。这样一来，生长速度就会更快。当植株展开 7~8 片真叶时，根就开始膨大，然后就可以收获美味的水萝卜了。

小知识 采收要在早晨进行

我们建议在有露水的清晨采收水萝卜。比起午后或傍晚采收的水萝卜，清晨采收的更白且易于清洗。水萝卜保质期长，风味持续时间也久。

卷心菜

要是生长点被吃掉了怎么办

卷心菜可以说是结球蔬菜的代表，用途广泛，适合在家庭菜园里种植。在十字花科蔬菜中，卷心菜的叶片柔软，易受害虫啃食，因此收获优质卷心菜的关键就是防控虫害。

危害卷心菜的害虫有菜青虫、吊丝虫和象鼻虫。在生长初期，卷心菜还可能会被菜心螟（大萝卜蛀心虫）啃食掉生长点。这样新的叶片就不会从中心长出来，原本应该结球的卷心菜也无法结球，因此无法获得令人满意的收成。发现这样受损的植株后，如果还有多余的苗，应该立刻将受损植株拔掉重新种植新苗。

不过植物是非常有趣的，即使失去了生长点，从那里也会长出多个侧芽。本来应该长出 1 个大卷心菜，但是由于出现了多个侧芽，会结出几个小卷心菜（3~4 个）。

当然，其柔软性和口感都不如较大的卷心菜，但是 1 株结出几个"迷你卷心菜"，从某种意义上讲，感觉也不错。

如果卷心菜的生长点被害虫啃食，并且来不及将其拔除重新种植，就这样继续种，也有不少乐趣。

生长点被吃掉，从小腋芽长出的卷心菜。1 株会结出几个小卷心菜，造型独特。

—— 花椰菜 ——

白色的花蕾十分美丽

花椰菜其实是未开的柔软的花蕾，白色品种在果蔬店中最常见，不过近年来有很多丰富多彩的品种，如橙色的、绿色的和紫色的，还有珊瑚状的或迷你的等，选择自己喜欢的品种就好。

花椰菜一般在 7 月下旬~8 月初播种，8 月中旬~9 月初定植。在 10 月左右，花椰菜的植株中心会开出 1 个小花蕾。视品种而定，花蕾的颜色会有所不同，不过一旦发现这种小花蕾，就要将周围的叶片折过来覆盖整个花蕾，进行遮光保护。

对于白色的花蕾来言，当它们暴露在阳光下时，就会变黄，变得很难看，如果保护它们免受光照，它们可以保持纯白色。包裹的外叶还有助于防霜冻。或者将外部叶片用绳子绑在一起，也可以获得相同的效果。

另外，多彩品种（如橙色、绿色和紫色）有两种类型，一种类型是接受太阳照射颜色会变得更好，而另一种类型是暴露在阳光下颜色会变得更差。应仔细阅读品种志或种子袋上标注的品种特性，采取适当的措施。

开始出现小花蕾时，是折外叶的最佳时期。

将外侧的叶折过来盖住花蕾，起到遮光的作用。

西蓝花

侧花蕾兼用品种的小花蕾也能吃

西蓝花会从植株中心部长出绿色圆顶形的花蕾，具有丰富的营养价值，十分可口，因此它也是家庭菜园里经常被种植的蔬菜之一。

也有的西蓝花会从茎的中央长出大花蕾（顶花），在顶花蕾采收后，从叶片的基部会长出小花蕾（侧花蕾），两种花蕾都可以采收。侧花蕾偏小但是茎部十分柔软可口。

因此，在家庭菜园中，不仅可以采收顶花蕾，也可以采收侧花蕾，不过不是所有的西蓝花都有侧花蕾。

一些西蓝花品种在采收顶花蕾后就没有侧花蕾了（或很难出侧花蕾），这些品种被称为"顶花蕾专用品种"，在品种志和种子袋上会有标注，因此在购买种子或幼苗前应先进行检查。如果想采收侧花蕾，一定要选择可以同时有侧花蕾的"侧花蕾兼用品种"。

如果想收获更多的侧花蕾，一定要在 9 月初完成定植。如果定植延迟，则顶花蕾的采收将被延迟，侧花蕾的采收期将被缩短。定植后追肥可以促进生根，也能尽早采收顶花蕾。在采收顶花蕾后，要在植株周围施礼肥，以提供足够的营养。

小知识

茎叶很好吃

采收西蓝花的顶花蕾时，可以顺便用刀将茎割掉 10~12 厘米，因为西蓝花的茎十分柔软，甜美可口。但如果将茎切得过长，侧花蕾的数量将相应减少，因此切掉茎时一定要适度。

白 菜

技巧 91

覆盖地膜，隔 1 个穴种 1 个株，直接播种

白菜生长时要覆盖地膜，这样可以提高土壤温度、防控害虫、结出优质菜球。由于白菜是从温度下降时开始种植的，因此比起黑色地膜，保温性好的透明地膜更合适。建议使用间隔30厘米的两排孔地膜，因为这样更容易播种。为了保持足够的植株间距，需要隔 1 个穴种植 1 株，也就是间隔 60 厘米。如果直接播种，播种期是在 8 月底～9 月初，隔 1 个穴播种 3 粒种子。

播种后约 2 周，当植株展开 3~4 片真叶时，每个穴间苗 1 株，同时在植株基部追肥。第二次以后的追肥要放在隔开的孔穴里，这样既不会损伤菜叶，也可以促进根系生长。

小知识

如果没有结球怎么办

如果白菜没有结球，请不要将其拔除。尽管没有原本的柔软感，但质地仍然清脆，可以用于火锅。等培养到春季，就可以欣赏菜花（右图）了。

技巧 92

小松菜

手掌大小最好吃

自江户时代以来，小松菜在日本一直很受欢迎，由于栽培时间短，是一种适合家庭菜园种植的叶菜类。 很多人直到 10 月前后仍然在采收茄子和甜椒等夏季蔬菜，他们往往以为这时已经无法种植其他蔬菜

了，其实种小松菜还来得及。

在果蔬店里售卖的小松菜高度一般都是 25~30 厘米，但小松菜越小越好吃，个人觉得手掌大小（15~20 厘米）的小松菜是最美味的。请朋友们一定尝试看看它们在口感上有什么差异。

水　菜
叶片非常容易折断！
采收时一定要小心

水菜是日本京都典型的蔬菜，质地清脆，不仅可用于火锅，还可用来做沙拉。

水菜的叶柄又细又白，很容易受损。1 株可以长出数十片叶，植株高度约为 30 厘米时采收，如果只拔出其中一株，这些叶片将缠绕在一起，如果强行收割，好不容易长出的直直的叶片就会被损伤。

因此不要单独采收 1 株，而要握住 1 个穴里所有的植株一起采收。采收后也不要将其弄散，仍保持束在一起就不会损坏叶片了。如果是线状播种，要从行的一端开始按顺序将几株收拢在一起采收。无论哪种情况，拔出时都要握住叶片的绿色部分，因为握住白色部分更容易折断。

同一个穴内的水菜要一起采收。采收时，不要握住白色部分拔，因为比较容易折断，要握住绿色的叶片拔。

菠 菜

10月中旬播种最划算

秋冬季采收的菠菜适合在9~10月播种，如果想在年末或新年时期采收，建议10月中旬播种。

在温度高的9月播种，大约1个月就能长到20厘米的高度，如果在寒冷天气来临之前采收不完，叶片就会变大变硬，风味也会下降。菠菜耐热性不好，发芽的最佳温度是15~20℃，因此在夏季播种发芽率会降低。

如果在10月中旬播种，温度适合菠菜发芽和生长发育，因此发芽率会提高，到12月就长到可以采收的大小。在正月蔬菜价格上涨时，也可以采收菠菜，随后到来的寒冷天气会让菠菜生长速度减慢，因此可以一直采收到第二年3月初。经历寒冷天气的菠菜甜味和鲜味都浓缩了，更加好吃。另外，2月中旬以后，植株会长到30~50厘米，大叶片和粗茎都可以食用，每株的产量都很高。

菠菜种植的重点是抗寒。10月中旬由于温度下降，因此播种时要覆盖有孔地膜，并使用无纺布，以保持温度和湿度。

如果到12月，植株的高度还没有长到15~20厘米，那么将很难在年底采收，这时建议搭棚，使用带孔的保温布来提高温度，以促进菠菜生长。

—— 生 菜 ——

最大的虫害是蚜虫

生菜的品种繁多，有结球、半结球、不结球等。不结球的生菜定植后 30~40 天就可采收，并且可以从外叶开始只采收需要的量，这使其特别适合菜园种植的初学者。

不结球的生菜基本上算是培育起来比较简单的生菜种类，不需要花多少工夫，但是很容易生蚜虫。一旦出现蚜虫，就会在叶片背面和生长点等地方不断繁殖，难以控制，因此建议早期做好防控。除了保持阳光和通风良好之外，可以在定植后立即搭建防虫网来保护幼苗。防虫网要使用网眼尺寸在 0.8 毫米以下的，让蚜虫无法通过。

但是即使架设了防虫网，如果防虫网内有害虫，也很容易在防虫网内繁殖，因此也要偶尔打开防虫网，查看内部的植株情况，一旦发现害虫就要尽快去除。在采收 1 周前要将防虫网移除，以便通风。

防虫网的选择

网眼尺寸	防范害虫
1.0 毫米	菜青虫、象鼻虫、小菜蛾
0.8 毫米以下	菜青虫、象鼻虫、小菜蛾、蚜虫类、体长 1 毫米以下的其他害虫等
0.6 毫米以下	菜青虫、象鼻虫、小菜蛾、体长 1 毫米以下的潜叶蝇等
0.4 毫米以下	菜青虫、象鼻虫、小菜蛾、粉虱类、黄蓟马类等

技巧 **96**

— 洋 葱 —

幼苗过水，稍微深植

一提到越冬蔬菜就立刻想到洋葱。洋葱作为厨房的常备蔬菜，总会在家中存放一些。种植洋葱一般在 8~9 月播种育苗，11 月中旬~12 月初定植。如果育苗困难，可以在园艺商店或网店购买已经培育好的苗来定植。

要想收获好的洋葱，重要的是让苗扎好根以便越冬。这里介绍 2 个技巧。

第一个技巧是在定植前将幼苗的根浸泡在水中。浸泡时，仅让根系浸泡 10~15 分钟吸收水分即可。这样更容易长出新根，可以让植株扎根更稳，而且浸泡后的根系呈现笔直收拢状，之后的定植工作会更容易。

第二个技巧是定植时一定要确保根系完全放入种植穴的底部。如果根尖朝上，将很难生根。另外，根露出地面或与土壤不紧密接触，可能会导致幼苗干燥、倒伏甚至枯萎。所以，将幼苗插入种植穴后，要用力按压植株基部，使根系与土壤紧密接触。最好将幼苗种深一点，如果种植过浅，冷风或霜柱都可能让根系浮动，甚至将植株从种植穴中掀出。

洋葱苗定植

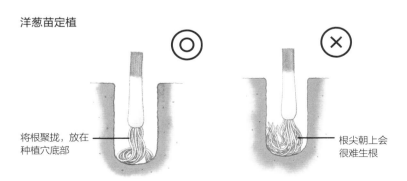

将根聚拢，放在种植穴底部 —

— 根尖朝上会很难生根

秋季没有种，春季也赶得上

在定植洋葱的时期，很多人因为某些原因却不能定植幼苗。有些是因为计划种洋葱的地方还在种前一茬蔬菜，有些是因为田地的租期原因，无法种植越冬蔬菜。因为洋葱一般在 11 月中旬 ~12 月初定植，所以定植后通常会越冬。

如果碰到上述情况，可以尝试在春季种植。春播洋葱比秋播洋葱稍小，但也可以长出很漂亮的洋葱。因此，在赶不上秋播时，如果幼苗还有富余，可以考虑进行春播。但是，紫洋葱采收后难以保存且容易腐烂，因此最好种植黄洋葱。

洋葱苗要在秋季购买，然后在直径 9 厘米、装有蔬菜用土的塑料盆中种植 7~8 株（临时种植），种植深度与在田间种植时相同。春季来临之前，在阳光明媚的地方进行室外栽培管理。当土壤变干时适度浇水，不要让土干燥。

田间定植是在 3 月初 ~3 月中旬，不要错过这个时机。像平常的栽培一样，犁好土壤，使用孔距为 15 厘米的黑色地膜，定植好幼苗，定植方法与秋季定植时相同。3 月下旬进行 1 次追肥。6 月左右，当地上的叶片倒伏时就可以采收了。

采收时期和秋播的相同。叶片倒伏就可以采收了。

第三章

针对不同蔬菜的额外技巧／秋冬季种植的蔬菜

技巧 98

—— 藠 头 ——

深植可以让叶片更美味

种植藠头使用的是鳞茎。种植时将鳞茎掰开，间隔15厘米种植1~2瓣，要压入土壤中稍深的位置（5~6厘米深）。

种植好后培土，鳞茎的上部（叶鞘部分）也要被埋在土壤中，这样就会变成柔软的白色，新鲜又美味，趁着尚嫩时采收，味道会更加出色。

避免浅植，因为鳞茎暴露在阳光下会变成绿色，从而导致口感品质下降。

深植能让膨大的鳞茎上方的白色部分新鲜可口。

技巧 99

—— 芸 豆 ——

蚜虫要趁早处理

蚜虫在芸豆生长过程中很容易出现。当春季温度升高后，蚜虫无处不在，不知不觉就会遍布整个植株。

蚜虫出现时，首先是有翅膀的成虫会飞来数只，一旦发现应该立刻清除，不让其繁殖。推荐使用喷雾器喷洒的方式用水冲掉。

蚜虫通常喜欢附着在茎的尖端。如果茎的尖端不饱满，即使能开花，也不会有好的豆荚。作为预防措施，在蚜虫出现前，从茎前端10厘米处剪掉。

技巧 100

—— 豌 豆 ——

错过了秋播可以春播

豌豆有很多不同的吃法，有些可以吃豆荚，有些可以吃豆。一般豌豆的播种（定植）适期是在 10 月中旬 ~11 月，如果不慎忘记了，春季也可以播种。春播的产量可能会低于秋播，但口感更为甘甜。

如果要在暑热来临之前采收完毕，春播（定植）就要在 3 月进行。建议检查种子袋，选择可以春播的品种。推荐用花盆育苗，到了 4 月再将幼苗定植到田间，并搭设屏风式支柱来支撑（参考第 30 页）。

其他小知识合集

小知识 享用顶花小黄瓜

为了让黄瓜之后的生长状况保持良好，要对第 1~5 茬果进行疏果。摘下的果实长 3~4 厘米，带着雌花，也被称为"顶花小黄瓜"，经常出现在餐桌上，可以用于日本料理。

顶花小黄瓜，摘下后不要扔掉，可以为料理增添一抹季节感。

**小知识 紫苏可以带着枝条
一起采收**

青紫苏一般只采收需要使用的量。虽然一次摘 1~2 片叶比较好，但每次都要去田里确实有些麻烦。其实连着枝条一起摘回来，插入水中可以保存数日，用时再摘叶片。

小知识 花生采收后分类

生花生是家庭菜园里很特别的一种蔬菜。采收后，立即煮熟或烘烤就可以

完全成熟的果荚网纹比较明显。

品尝了，但在此之前要检查成熟度并进行分类。如果将网纹特别明显的成熟果荚和表面坑洼不平尚未成熟的果荚一起煮或炒，未成熟的果荚会收缩或烤煳，最后难以食用。分类整理后，先吃不易保存的未熟果荚。

**小知识 种植菠菜和胡萝卜
要注意路灯**

菠菜和胡萝卜虽然是长日照植物，但当日照时间积累超过一定量而夜晚短时，就会形成花蕾。这两种蔬菜不仅会受太阳光照射影响，也会受夜间路灯照射的影响，所以如果田地附近有路灯，一定不要在附近种植这两种作物。

**小知识 芋头可以作为
种芋来保存**

可以将采收的芋头埋在地下保存到第二年春季，作为种芋来使用。将采收

后的芋头切掉茎，让亲代芋头带着小芋头。挖 1 个约 50 厘米深的坑，将芋头并排放入其中。回填 20~30 厘米的土壤，然后用一块足够大的塑料膜覆盖住整个坑。这样雨水就不会渗进去，可以保存到春季。

为避免茎中的水分流到芋头上，要将切口朝下放置，这样可以防止芋头腐坏。

卷心菜采收后，在残留的茎上切十字

卷心菜或生菜等结球蔬菜，在采收时一般用刀从植株基部切下来。卷心菜采收后，切掉外叶并用刀子在残留的茎上划十字，大约 1 个月内水分就会排干，很容易就能拔出残留的根部。但是生菜因为根系牢固很难拔出，在采收后需要尽早将其刨出处理掉。

离下一茬还有 1~2 个月的时间，可以切好后任其在田里干燥。

西蓝花柔软的叶片也能吃

一般人都只吃西蓝花的花蕾，其实西蓝花嫩嫩的叶片也能吃。将叶片煮熟或煎炒后，其味道类似于大芥，可以试一试。

中耕可以预防菠菜立枯病

菠菜不喜多湿的环境，在排水不畅时很容易出现立枯病。所以需要在发芽或间苗时进行中耕，将氧气输送给根系。如果是排水不佳的田地，建议种在 15 厘米高的垄上。

剥掉大蒜种球上的根

种植大蒜一般使用的是被称为鳞茎的球茎。首先，将鳞茎一瓣瓣分开，大蒜的底部有坚硬的根，这部分要小心地除去。如果不去掉就直接种植会很难出根，之后生长发育都会受到影响。虽然有些麻烦，但要尽可能将其剥掉。

这里坚硬的部分要剥掉

结　语

　　种植蔬菜的乐趣就像抚养孩子，可以亲眼看着种子和幼苗茁壮成长。种子发芽时，2 片厚厚的子叶正是蔬菜即将茁壮成长的证明，而栽培者被赋予了帮助它们茁壮成长的责任。

　　这本书介绍了种植蔬菜的 100 种技巧，是我在 NHK《趣味园艺　蔬菜时间》担任讲师的 10 年间积累的经验，以及从体验农园的会员案例中总结出的经验教训，希望这本书对想要种植蔬菜的朋友们有所帮助。

　　在田间作业时，一些场景特别容易让人想到一些歇后语，作为技巧的一部分也介绍给大家。

"一柄锄头，可通万路"

　　锄头侧面可以在平整田地时代替 PVC 管，还可以做出垄角，方便铺地膜；锄柄可以做出种植穴。所以，锄头是一种除了挖和犁之外还有多种用途的工具，请一定善加利用。

"酷夏寒天，人知冷暖，菜亦知冷暖"

　　冷热对蔬菜生长有很大的影响。但无论冷热，蔬菜都不太能进入屋内，所以夏季请使用遮光网、冬季请使用保温布来保护蔬菜。

"菜不能语，心领神会"

　　蔬菜需要人的帮助。不论间苗、牵引、培土、中耕、摘心、疏果、虫害还是强风，蔬菜都不能告诉你它的需求，所以我们应该提前察觉情况，并及时帮助它们。

"做垄辛苦，思甜思甜"

最初的犁地和做垄都是十分辛苦、枯燥的工作，但是想到能收获优质蔬菜时的开心，再辛苦也值了。

"春季成长速度快，秋季种植速度快"

春季是温度升高的季节，可以种植的蔬菜种类繁多，很多能快速采收。相反，秋季温度下降，如果播种迟 1 天，采收就会延迟 1 周或更长时间；如果播种迟 1 周，采收就会延迟 1~2 个月甚至更长。所以，秋季种植的关键是速度。

本书能与您相遇是缘分，希望对您磨炼耕作技巧有所帮助。作为"田友"，希望此书在帮助您种植蔬菜的同时，能让您充分感受到生命的价值和收获的意义。

加藤正明

Original Japanese title: KAYUI TOKORO NI TE GA TODOKU! YASAIZUKURI
TATSUJIN NO SUGOWAZA100

Copyright © 2020 KATO Masaaki

Original Japanese edition published by NHK Publishing, Inc.

Simplified Chinese translation rights arranged with NHK Publishing, Inc. through The
English Agency (Japan) Ltd. and Shanghai To-Asia Culture Co., Ltd.

本书由株式会社 NHK 出版授权机械工业出版社在中国境内（不包括香港、澳门特别
行政区及台湾地区）出版与发行。未经许可之出口，视为违反著作权法，将受法律之制裁。

北京市版权局著作权合同登记　图字：01-2020-4422 号。

设　　计	尾崎行欧　宫冈瑞树　齐藤亚美　宗藤朱音
插　　图	前田半吉　山村英人（操作解说）　常叶桃子（如何系绳子）
摄　　影	大泉省吾　冈部留美　上林德宽　阪口克　谷山真一郎 成清彻也　原干和　福田稔　丸山滋　渡边七奈
校　　正	安藤干江
DTP合作	海豚
编辑合作	佐久间香苗
编　　辑	渡边伦子（NHK 出版）

图书在版编目（CIP）数据

图解蔬菜四季栽培管理技巧100例 /（日）加藤正明著；于蓉蓉译 .
— 北京：机械工业出版社，2021.6
ISBN 978-7-111-68058-1

Ⅰ.①图… Ⅱ.①加… ②于… Ⅲ.①蔬菜园艺 Ⅳ.①S63

中国版本图书馆CIP数据核字（2021）第072105号

机械工业出版社（北京市百万庄大街22号　邮政编码100037）
策划编辑：高　伟　周晓伟　　责任编辑：高　伟　周晓伟
责任校对：张玉静　　　　　　　责任印制：孙　炜
中教科（保定）印刷股份有限公司印刷

2021年6月第1版·第1次印刷
145mm×210mm·4印张·102千字
0001—3000册
标准书号：ISBN 978-7-111-68058-1
定价：35.00元

电话服务	网络服务
客服电话：010-88361066	机　工　官　网：www.cmpbook.com
010-88379833	机　工　官　博：weibo.com/cmp1952
010-68326294	金　书　网：www.golden-book.com
封底无防伪标均为盗版	机工教育服务网：www.cmpedu.com